科学新悦读文丛

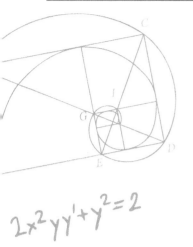
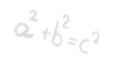

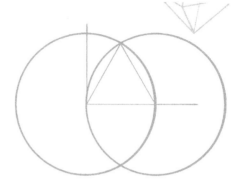

U0267752

$a^2+b^2=c^2$

$2x^2yy'+y^2=2$

A Curious History of Mathematics

The Big Ideas from Early Number Concepts to Chaos Theory

奇妙数学史

从早期的数字概念到混沌理论

[英] 乔尔·利维 （Joel Levy）著

崔涵 丁亚琼 译

$\lambda_2 = i\sqrt{14}$

人民邮电出版社

北京

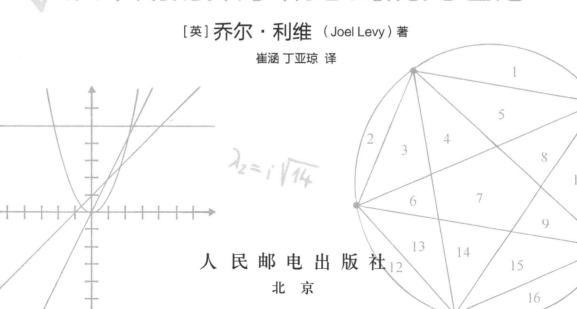

图书在版编目（ＣＩＰ）数据

奇妙数学史：从早期的数字概念到混沌理论 / （英）
乔尔·利维（Joel Levy）著；崔涵，丁亚琼译. -- 北
京：人民邮电出版社，2016.10
（科学新悦读文丛）
ISBN 978-7-115-42938-4

Ⅰ. ①奇… Ⅱ. ①乔… ②崔… ③丁… Ⅲ. ①数学史
－普及读物 Ⅳ. ①011-49

中国版本图书馆CIP数据核字(2016)第186145号

◆ 著　　　　[英] 乔尔·利维（Joel Levy)
　　译　　　　崔　涵　丁亚琼
　　责任编辑　韦　毅
　　责任印制　彭志环

◆ 人民邮电出版社出版发行　　北京市丰台区成寿寺路 11 号
　　邮编　100164　电子邮件　315@ptpress.com.cn
　　网址　http://www.ptpress.com.cn
　　固安县铭成印刷有限公司印刷

◆ 开本：690×970　1/16
　　印张：12　　　　　　　　2016 年 10 月第 1 版
　　字数：283 千字　　　　　2025 年 3 月河北第 33 次印刷
　　著作权合同登记号　　图字：01-2014-6466 号

定价：49.00 元
读者服务热线：(010)81055410　印装质量热线：(010)81055316
反盗版热线：(010)81055315

目　录

引　言

在卡尔·弗雷德里希·高斯7岁的时候，他的老师给全班同学出了一道计算题，这道题看上去非常难：把1到100中的所有整数加起来求和。然而令老师万分惊讶的是，几秒钟之后，年幼的高斯就主动报出了答案。难道说高斯是一名自闭症天才，能够像机器那样进行高速的暴力计算吗？

事实上，尽管高斯毫无疑问是一名数学天才，并且在后来被人们称为"数学王子"，但他计算的方法并不是暴力计算，而是运用他迅捷的思维。他意识到，计算的方法不应该是费力又枯燥地将1到100加起来，而是应该将这100个数字分为50个数对，其中1+100=101，2+99=101，3+98=101，等等。这样一来，这100个数字的总和也就变成了这50个数对的总和，而这50个数对的和都是101。计算101×50对于高斯来说简直是小菜一碟，因此他才能很快报出正确答案5050，令老师大吃一惊。你也可以用同样的技巧让你的朋友或者同事吃惊，因为任何一个等差数列的和都可以这样计算：如果这个数列有n个数，那么它的和就是第一个数与最后一个数的和乘以n再除以2。比如，1到20的和就是$(1+20)×\frac{20}{2}=210$。

小把戏？

这样的计算方法仅仅是小把戏吗？高斯的发现掀开了一个重要领域的一角：数字之间是有着内在联系的，而这些内在联系可以通过人的智慧去发现。这就是数学的世界，高斯称数学为"科学的皇后"。历史上的许多智者都同意他的观点。不论是从宗教还是科学的观点来看，自然哲学家们都把数学看作真理与美最纯粹、最重要的表现形式。古希腊人相信数学是宇宙的基础。伊丽莎白时代的数学家和魔术师约翰·迪伊认为，数学是造物主的终极工具，"被运用在一切事物的创造中……一切事物从无到有，都是依据着秩序以及纯粹的数字"。意大利数学家和科学先锋伽利略·伽利莱坚持认为："要想理解宇宙之书，首先得要理解写就它的语言，而这种语言正是数学。"

令人恐惧的总和

现代数学包含了至少30个领域，有我们熟悉的，诸如几何学与代数学；也有些深奥难懂的，例如拓扑学（关于连续性的数学，有时候也称作橡胶板几何学）以及组合学（关于选择、组合以及排列的数学）。在今天，数学的各个领域已经变得各有专攻又精妙复杂，对于数学的门外汉来说，它显得那么遥不可及。事实上，大多数人都认为他们不了解数学，并且忘记了在学校所学的大部分数

通过左边奇幻而又美丽的分形函数图像，可以窥见数学的威力与深奥。

对伽利略的审判体现了数学在重塑传统宇宙观时的巨大威力。

学知识，甚至有一小部分人患上了"数学恐惧症"，对数学产生了畏惧的心理。然而，数学却始终存在于我们的身边，存在于我们的日常生活中。每一个人在不自觉甚至还不识数的时候，就可能是"民间数学家"，比如我们下意识地运用数量、量级、角度以及向量这些概念的时候。每当你掂量哪个松饼比较大、将一大块比萨饼平分为若干份、清点你的零钱甚至看看表的时候，你都是一个数学家，而这本书也正是为你而写的。

地球上最伟大的秀

这本书将从最初的起源到现代数学最重要的突破，讲述数学迷人的发展史。本书按照数学演进的顺序进行介绍，从史前时代数的概念产生，人们学会了数数，到古巴比伦人、古希腊人以及古埃及人的伟大发现，再谈到中世纪伊斯兰世界与欧洲的伟大学者，接下来是文艺复兴时期与科学革命时期的进展，最后是18和19世纪的科学巨人以及20世纪数学开拓出的新天地。在讲述这段奇妙历史的同时，本书用通俗易懂的语言解释了最重要的数学概念，从常见的算术、几何学以及代数学到三角学，最终是微积分学。本书还将带领你探索那些具有划时代意义的伟大理念，它们都是超凡的科学巨擘（包括毕达哥拉斯、牛顿、斐波那契以及费马）的发现；还有那些数学史上最伟大的谜题以及挑战，例如费马大定理、混沌理论以及分形理论。

引人入胜的魅力

阅读本书并不需要深厚的数学知识，你只需要基本的算术知识以及常识。在介绍数学发展历史的同时，本书会单独介绍重要的概念作为花絮，以使你对重要主题的背景有所了解，从而更好地理解这些主题，例如质数、几何学、圆和图像。对于更为深奥的概念，比如三角学和微积分学，都是基于前面提到的那些主题，但本书将尽可能少地使用特殊符号、专业术语以及介绍复杂理论。

当你完成了这段奇幻的旅程之后，你将能够区别正弦函数和余弦函数、二次方程和三次方程，熟悉极限的概念，甚至能为金字塔搭建一个水平平台。在阅读的过程中，你还将遭遇远古的死亡射线、泡在浴缸里的裸男、下了毒的苹果。希望你能认可约翰·迪伊的说法，他认为数学极有魅力，绝对"引人入胜"。

新石器时代的石圈能够让我们对史前时代数学的萌芽有所了解。

从空中看金字塔，可以看出其在几何学上的精准性。

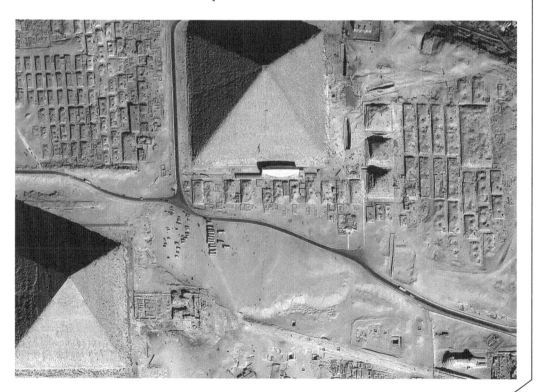

古典时代
之前的数学

数学是由抽象概念、纯数字、理想形、公理以及代数等式构成的世界，然而数和数学最初的概念却来自于现实世界，来自于人和动物、石头和土地。最初，数字被用来计数。在人类历史上的大多数时候，数字被认为是实实在在的。史前时代与最初的文明孕育出了数学的概念，并被人们运用在实际生活中的计数里，因此古典时代之前的数学主要着眼于数牲口、丈量土地、称量粮食的质量以及建筑房屋。古埃及、古巴比伦、古印度和其他古代文明一起，为算术、几何学、代数学和数论的形成打下了基础。

这幅古埃及壁画描绘了记录官丈量麦田的场景。对古人来说，数学实际上是十分实用的。

史前算术

数学通常被视作人类抽象思维最纯粹的表达，这种思维也是人类最本质的能力。然而在现实生活中，有几种动物，包括喜鹊和猴子，也拥有判断物品的大小和数量多少的能力，有的甚至能对数量少的东西进行简单的数数（见下页方框：懂数学的猴子）。

尺寸协调的手斧

据估计，人类的先祖与其他动物在判断物品的大小和数量多少方面能力相近。英国旧石器时代的考古学家约翰·高莱特指出，距今70万年前的原始人类在设计制造石头手斧时，就显示出了对比例的聪慧理解，这可远远早于智人时代。在肯尼亚的吉门基石遗址出土的一份样本包含了上百个大小不一的手斧，然而它们的长宽比却相同。由此可见，不论是制造大的还是小的手斧，我们的先祖在脑中都有着一个完美的目标比例。甚至有人认为，他们的目标比例正是古希腊人钟爱的黄金比例（见第120页）。

从特殊到一般

在历史上的某个时刻，人类这种判断比例的能力进化成了更显智慧的能力——数数，这也是最早的数学思维。但是数数到底指的是什么呢？早期的数数可能只涉及"质"而不涉及"量"的概念，也就是一定会涉及具体的实物。这种用质的术语将数字与实物相联系，与用抽象的量的术语计数相比较，两者间存在着鸿沟。在人类认知的演进中，从谈论"3头牛"演化到谈论"数字3"是一个巨大的进步。这种古老的、利用实物计数的方法在现代仍然存在。例如，古

石器时代早期的手斧有着统一的比例。这是数学思维的证据吗？

斐济语中的单词"bola"意思是10条船，单词"koro"意思是10个椰子。

用身体计数

现代的游牧民族和猎人部落的计数方式也可以帮助我们了解史前人类是如何数数的，说他们只能数"1""2"以及"很多"

肯定是错误的。尽管他们没有词汇来形容很大的数字（也许只是因为用不上），但他们还是可以数出一些比较大的数字的。有时，他们会利用身体来计数，用身体的一部分来代表相当大的数字。

最简单的用身体计数的方式，也被认为是最先被使用的，就是用手指数数，也就很自然地产生了五进制或者十进制的记数法（见第40页）。但是若用上了身体的其他部位，就可以数到20甚至更多。举例来说，新

几内亚的居民用手指数到5，手掌上的大掌纹代表6，手腕代表7，小臂代表8，这样一直数到鼻子，代表18。生活在西伯利亚的尤卡吉尔人是驯养驯鹿的游牧民族，他们要表达94头驯鹿时是这么说的："3个人站在一个人上面，再加上半个人和一个前额、两只眼睛、一个鼻子。"

记账的人

在数数的时候，身体就成了外在的记忆

懂数学的猴子

说动物会数数可能听上去有些荒诞，但是一系列精妙的实验已经证明，即使是我们认为不太可能会数数的动物也能够分辨大小和数量上的区别，甚至有可能会数数。比如说，当新西兰知更鸟看到饲养员把一大把虫子塞进洞里，并且允许它们把虫子挑出来时，它们似乎能够意识到有时候虫子的数量少了。比如，饲养员悄悄从洞的另一端取走一些虫子后，知更鸟还是会继续在洞里找虫子，因为它们知道应该还有虫子。小鸡则能够分辨3个一组和2个一组的区别。或许最令人惊讶的是，恒河猴在一场测试中胜过了大学生。在这个测试中，受试者会看到一组圆点，之后测试人员去掉一些圆点，受试者被要求指出哪些位置的圆点被去掉了。即使一条小小的食蚊鱼也可以通过训练学会区别多边形，它们是根据多边形边的数目来区别的。这些动物是在数数吗？它们具有抽象思维吗？动物与人类在抽象思维方面的区别在哪里呢？研究发现，这些动物所具有的基本计数能力是演化的选择。这种能力使它们能够选择更大更安全的族群，或是在迁移到新的栖息地时，能够估量竞争者的比例。

恒河猴在数学方面的能力或许比大学生还强。

中世纪的算筹，盖伊·福克斯没能烧掉的国会大厦被它烧掉了。

帮手，也被称作人工记忆系统（AMS）。算筹是另一种AMS，也是现存最古老的史前人类数学能力的佐证。有一种被称为"莱邦博骨"的算筹，是用狒狒的腓骨（小腿骨）制成的，上面有29道刻痕。它于南非和斯威士兰之间的莱邦博山被发现，距今已经有37 000年的历史。

算筹的构造很简单，一般是一根骨头、鹿角或者是木头，上面刻有若干道痕迹代表计数的数目。相比依靠在大脑内的短期记忆，算筹能够利用人体以外的物品长久地记下数目。尽管算筹非常简陋，但是时至今日它依然在使用中。算筹甚至演化成了一种货币形式：将一块算筹掰成两半，这样就形成了独一无二的一对（因为木头上有纹理）。交易的双方各拿一半，只有在两半重新对上的时候交易才算完成。这样算筹上刻下的数字就不会被篡改或者伪造了。

在中世纪的英国，算筹被用作政府收入的官方收据，并且由国库保管。每过一段时间，国库就会销毁大量旧的算筹。1826年翻修国库时，在国库位于威斯敏斯特大教堂的办公室，也即英国国会的所在地，有两大车尚未销毁的旧算筹。1834年，现场的监工决定用威斯敏斯特大教堂的熔炉烧毁这些算筹，结果余烬过于猛烈，烧毁了整座楼，于是英国政府不得已，又重新建造了国会大厦。

绳结计数

历史上还有过其他种类的AMS，例如绳结，或是成堆的鹅卵石和贝壳。但是它们都不易于保存，所以现在发现的旧石器时代的AMS只有算筹或是算筹的变种。像绳结这样简单的AMS为何可以实现复杂的计数呢？从历史上的印加绳结我们可以略知一二。印加绳结一般是由羊驼毛或者美洲驼毛拧成的，悬挂在一根绳索上。每一股驼毛上都有代表不同数字的绳结，每个绳结缠绕的圈数代表具体的数字，大的数字由一组绳结表示。不同颜色的绳结代表数的东西种类不同。有了印加绳结的帮助，被称作"绳结保管人"的印加会计师和官吏就能记录这一广阔帝国的税收、收成、人口数目、土地面积以及类似的管理数据。

伊尚戈骨头

简单的AMS能够有效地记录数字，免去了数数的麻烦，例如你用一块贝壳代表你拥有一头猪，那么你只需要数贝壳的数目，并记住一块贝壳代表一头猪就可以了。然而，一旦使用通用的方式表达数字，比如一串记号或是从手指到鼻子的身体部位，那么离创立抽象的数字概念也就不远了。4个连续的记号可以用来代表4头猪、4个椰子、4天或是仅仅代表数字4。

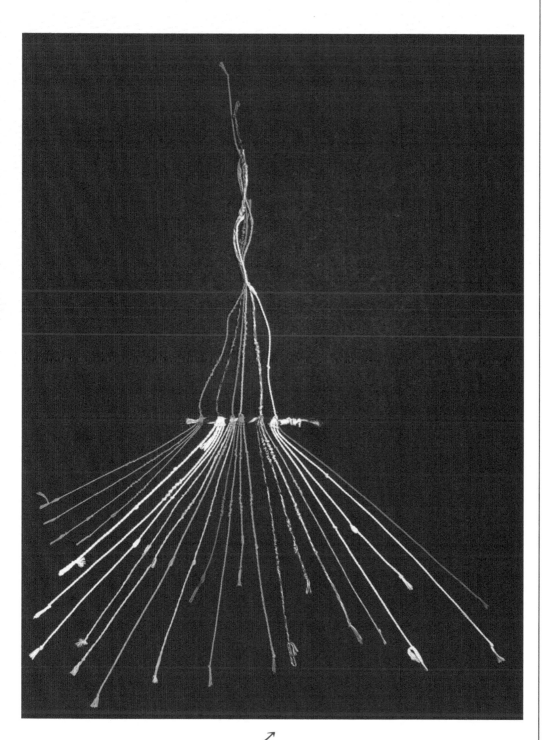

印加绳结，不同的长度、绳结和颜色
都有特定的含义。

伊尚戈骨头也许是现存最古老的、能够证明数学抽象思维存在的人工制品。这些骨头是在非洲中部的乌干达国境上发现的。它们距今已经有约25 000年的历史，乍一看去似乎只是另一种算筹。然而，骨头上的刻痕却是以一种有趣且富有深意的方式编组的。在骨头的一边有两排刻痕，每排60个，而第二排的刻痕分别是19、17、13、11个一组。这正是10到20之间的质数（见第62页）。难道说骨头的拥有者知道质数的概念吗？根据美国考古学家亚历山大·马沙克的说法，伊尚戈骨头其实是一份为期6个月的月历，记号代表的是月相，所以它可能是现存最古老的将数学运用在计时上的实例。也有人认为这是一个女人用来记录月经周期的。

马沙克的观点启发了匈牙利考古学家拉兹罗·温特斯，帮助他理解了另一种古代算筹，这种算筹称作"博德罗格凯来斯图尔物件"。这种算筹可能也代表了一种月历。它由石灰岩构成，形状类似扇贝的贝壳，距今已有27 000年的历史，甚至比伊尚戈骨头还要古老。它的大小只有56毫米，其周边的刻痕非常细微，作为月历似乎有些不实用，因此有人对温特斯的解释表示怀疑。

累加计算

计数的下一步就是简单算术了。有的记数法就是建立在基本的加减法上的，澳大利亚原住民为我们提供了很多例子。

比如古穆戈尔人使用这样的系统：

1=urapon
2=ukasar
3=urapon-ukasar
4=ukasar-ukasar
5=ukasar-ukasar-urapon

而卡米拉若人的系统是这样的：

1=mal
2=bulan

这是旧石器时代晚期的维纳斯像，石像手中拿着的物品上有一些刻痕，或许具有数学意义。

3=guliba
4=bulan bulan
5=bulan guliba
6=guliba guliba

在这些系统中，大的数字都是由小的数字进行加法运算得到的。所以在卡米拉若人的系统中，6就是3加3。这些例子中的基数都很小，古穆戈尔系统中基数是2，而卡米拉若系统中基数是3。这样一来系统中最大的个位数就分别是2和3（有关基数的详细解释请看第40页）。

用手指和脚趾计数很自然地发展出了以5、10、20为基数的记数法，它们分别被称作五进制、十进制和二十进制。五进制与十进制的混合称作五-十进制，而五进制和二十进制的混合称作五-二十进制。楚科奇人生活在西伯利亚东北部，他们以放牧驯鹿为生。他们就使用五-二十进制来计算自己的鹿群：一只手等于5，而一个人等于20（把所有指头，即手指和脚趾都算上）。一个像100这样的大数字就被称为"5个人"。

在这样的记数法中，较大的数字一般是用基数减去一个小数字来表示，这样"17"就成了"20"减"3"。1913年，美国人类学家W.C.伊尔斯调查了307个北美原住民使用的记数法，发现其中有146个采用了十进制，106个混合采用了五进制、十进制和二十进制。

点阵与天空中的图案

除了数数之外，数学思维还有其他表现形式。史前时代的人们制造的工艺品通常也表现出数学思维。陶器上的几何图案和织物上的花纹都会使用对称与重复的手法。新石器时代的陶器上有着多样的三角形图案；公元前4000年到公元前3500年的埃及和欧洲中部，哈尔施塔特时代（公元前1000年到公元前500年）的柱式房屋也是多种多样的。这些都反映了几何知识的广泛流传。

测量与调查同样起源于史前时代，测量通常使用身体的某一部分；在画出直线和画出合适的角度的技术方面也有了进步。调查、计数与其他数学能力随着天文学和计算时间的方法的发展而混合在了一起。前文提到的伊尚戈骨头绝不是唯一可以用来记录月相的东西。旧石器时代晚期（距今28 000年到23 000年）的许多人造物品被认为是月历或者是星象图。如果这些说法正确，那么就证明了旧石器时代的人类已经在用一种系统的方法思考和记录天象，并计算和测量天体的运动轨迹与时间。这种史前天文学可能在青铜时代结出了果实，因为青铜时代人类建造了精密而又巨大的石造建筑，用作天文台来记录天象（见第46页）。

猎户座是古代天文学研究的焦点。

做标记：如何记录数字

随着语言和AMS的发展，数字已经准备好登上历史舞台了。

对于很多文明，例如古希腊文明和中国古代文明，最初的数字都是算筹上的标记——三三两两的刻痕或是线条。我们现在使用的数字1，就是一条垂直的刻痕，古埃及人也是这样表示1的，而古印度人则用的是水平的划痕。要表示更大的数字可以有4种方法：加法系统、乘法系统、密码系统和位值制。

加法系统

加法系统是最简单的系统——要表示更大的数字只要多刻几道就好了。比如罗马数字的4是"IIII"。事实上，"4"已经是很多人不用数就能识别出的最大数字了。如果给你4个苹果，你可以立即看出有4个而不需要真的去数，但是如果苹果数目更多的话，你就需要数数了。这就是为什么最简单的系统会在4条线中间加一横来表示5。

要用加法系统表示更大的数字，就需要用上一条减法规则，就像在罗马数字系统里，如果小数字写在了大数字前面，就表示需要减去这个小数字。例如，XI表示11（X表示10，而I表示1），但是IX表示的是9。尽管这个系统足以帮助罗马人维系一个庞大的帝国，它仍然存在许多重大缺陷。要写一个大数字实在很费力，表示1到10的数至多需要写4个数字，要写100以内的数则至多需要8个数字，而且对这些数字进行运算也很困难。

乘法系统

乘法系统与加法系统相比，优势在于不需要很多数字。在乘法系统中，并不用把数字加起来，而是要把数字乘起来，要表示的数字也不是和而是积。中国数字就使用了这种系统，9个汉字代表1到9，10、100、1000分别用汉字十、百、千表示。大数字就用1到9这9个数字相应地乘以10、100等来表示。

← 这段罗马的拉丁铭文使用了字母来表示数字。

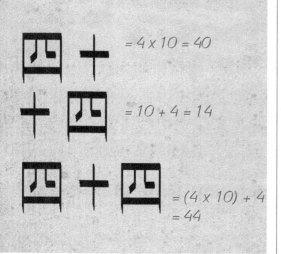

$$= 4 \times 10 = 40$$

$$= 10 + 4 = 14$$

$$= (4 \times 10) + 4$$
$$= 44$$

使用上图这个系统，1到10的数字只需要1个汉字来表示，11到20需要2个，21到不大于99的数字只需要3个。

密码系统

使用密码系统可以非常简洁地写出非常大的数字，因为每一个大的乘积都有专门的记号。举例来说，古埃及的僧侣体记数法中，不仅有表示1到9的符号，对于10、20、30、100、200、300、1000、2000、3000这样的大的乘积也有专门的符号。一个四位数在僧侣体系统中只用4个数字就能写出，但是由于引入大量的符号，僧侣体变得复杂难懂。这种做法也许是故意为之，因为这样一来，只有那些受过教育的"圈内人"才能理解和使用数字，这就强化了神学家和僧侣们精英阶层的地位，只有他们才能弄懂大数字的奥秘。

在希伯来语和希腊语中，利用字母表中的字母来表示数字，从而形成密码系统。古希腊人为了方便研究数学，想尽办法表达巨大的数字，因为每个大的数字都需要一个独特的符号，他们不得不使用那些早已被淘汰的字母。

位值制

位值制在便于使用和便于学习两者之间实现了平衡，也是目前使用最广泛的系统。位值制系统类似于乘法系统，只是没有使用专门的符号来表示基数的顺序（比如汉语里的"十""百""千"），数字本身的位置就表现了顺序。比如在数字"437"中，"4"是从右向左数的第3个数字，就表示它在百位上，代表"4×100"。位值制的运用意味着必须有一个专门的占位符，也就是要有书写0的方式。如果没有占位符，就无法确定每个数字代表什么。举例来说，3和4在一起可能代表34、304或者340。苏美尔人就遇到了这个问题，他们生活在公元前3000年左右，也许是世界上最早使用位值制的。我们现在使用的0起源于印度和阿拉伯文明。其他的文明，比如中国古代文明，在公元前300年时，使用大空格作为占位符。

古埃及浮雕上刻有大大小小的数字。

古埃及文明

西方文明把古希腊文明视为数学的源头，但古希腊人却认为古埃及文明才是数学的源头所在。古埃及文明在古典时代人们的眼中已经是非常久远的了。目前古埃及文明遗存的多数是宏伟的建筑，从中我们可以看出古埃及人对数学定律的深刻理解。

我们知道，古埃及人拥有庞大的军队和官僚系统，能处理复杂的地形、灌溉系统和税收系统，并且其政权成功"运作"了上干年。在古埃及，神职人员雕像的出现频率仅次于神像，并且当时有庞大的教学和训练体系。尽管如此，现在能证明古埃及人数学能力的直接证据只有若干陶器碎片和两份纸莎草纸手卷而已。一份是林德数学手卷，大约写就于公元前1650年，它是一份更古老的文献的抄本；还有一份是莫斯科数学手卷，大约写就于公元前1890年（见下页方框：纸上的痕迹）。

古埃及数字

古埃及人使用十进制记数法。在象形文字中，数字1到9都是用垂直的刻痕来表示的，而10、100、1000则有专门的符号，最大到1 000 000（详见下页，不过现代人对这些符号有不同的解释）。数字都根据加法系统组成，每一位上的符号都会被排在一起，最大的数字为9，这样就能很快识别出数字而不必去数数。除此之外，写下一个位数很多的数字可能需要很多符号。在象形文字中，古埃及人还使用了密码系统（见第19页），也被称作僧侣体。这种文字更难学习，但是书写起来较简洁，占用的空间较小，因此较适合在珍贵的纸莎草纸上书写。

古埃及的书记官，手拿刻写用的笔刀。

象形文字的数字

象形文字的数字在坟墓和纪念碑的浮雕上可以看到。比如说，在一个坟墓里，有一座"数牛"浮雕，上面刻有牛、驴子和山羊，旁边还用象形文字的数字记录下各种动物的数量。这些动物很有可能是墓主人生前拥有的，并且希望带往来生。在温佩诺夫特王子位于吉萨的墓地里，人们发现了一块立着的石板，上面刻着王子和一张摆满献祭品的桌子，还有一张表记录了他希望带往来生的物品，包括雪花石制作的1000个容器和1000罐啤酒，还有1000只羚羊！

象形文字的数字也存在于玛雅的测量杆上，玛雅是图坦卡蒙国王的司库。这根测量杆是一把刻有单位长度的木尺，上面标有数字，还有分数的单位长度（见第24页方框：什么是分数？）。要测量更长的长度，古埃及人会用打了结的绳子，相邻两个结之间的间隔大约是52.5厘米。这个单位长度是手肘到中指之间的长度。当时的测量员也被称为"拉绳子的人"。

这张表展示的是象形文字的数字和对应的僧侣体数字。

莫斯科数学手卷的一部分。

纸上的痕迹

人们对3000年的古埃及数学史的了解几乎完全来自于两份脆弱的手卷。林德数学手卷是1858年由苏格兰古董商亚历山大·亨利·林德购入的，因此而得名。它更恰当的名字应该是埃姆斯手卷，因为它是书记官埃姆斯在公元前1650年左右所书写的，并且签有他的名字。埃姆斯还明确记载道，他誊写了一份更古老的手卷，是公元前2000年到公元前1800年中部王国的文献。埃姆斯手卷大约30厘米宽，有5.5米长，内有87道练习题，也许这份手卷是供学生在老师的指导下进行练习用的。

莫斯科数学手卷于1893年在埃及被人购得，并且被转卖给了莫斯科艺术馆。这份手卷也被称作戈列尼谢夫手卷，因为它是由戈列尼谢夫购入的。它是由一名不知名的第十二王朝书记官于公元前1890年左右写成的。它的长度和林德数学手卷差不多，但是只有7.5厘米宽，内有25道练习题。

古埃及数学的本质

从林德数学手卷和莫斯科数学手卷中可以看出，古埃及数学是非常实用且典型的，练习题都是非常典型的例子并且有着实际的用途。古埃及人完全没有尝试梳理出更具有概括性的数学定理或者公式，尽管有老师指导，学生们显然还是得靠自己从练习题中进行归纳。

古埃及人的数学思路还是建立在加法上的，加法相对于乘法要简单一些。在进行乘除法运算时，手卷里使用了二进制乘法（见第24页），这种方法还是利用了加法来进行乘除运算。尽管古埃及人能够熟练地运用分数（见第24页），其本质还是利用加法。

古埃及数学的另一个显著特征是，人们似乎不太能区别近似值和准确值。这一点很好理解，如果数学的主要目的是实际应用的话，那么近似值已经足够用了。但是考虑到古埃及人建造的那些精妙的建筑，这一点还是有些令人吃惊。其实真正令人惊讶的是，两份手卷上的数学习题都非常初级，而古希腊人是把古埃及数学当作智慧源泉的，包括泰勒斯和毕达哥拉斯在内的古希腊大数学家都会专门去埃及学习数学。也许是林德数学手卷和莫斯科数学手卷揭示的内容有限，可是其余的古埃及数学文献都去哪儿了？有一种可能是，包含更高深数学知识的手卷都保存在亚历山大图书馆里，但是它们却连同图书馆一起被摧毁了（见下页方框：亚历山大图书馆）。

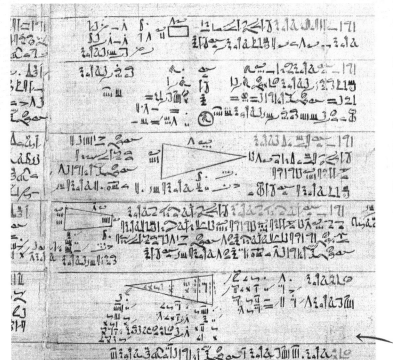

林德数学手卷上的练习题。

亚历山大图书馆

一幅亚历山大图书馆的马赛克拼贴。

ΑΛΕΞΑΝΔΡΙΑ

亚历山大城于公元前330年由亚历山大大帝建立，并且成了托勒密王朝的首都。这个希腊–埃及王朝一直统治着埃及，直到公元前30年罗马人征服了它。亚历山大大帝麾下的将军托勒密是这个王朝的第一任君主，他建造了一座供奉缪斯女神的神庙。他的儿子托勒密二世在那里利用亚里士多德的个人藏书建起了一座图书馆。托勒密三世则疯狂收集书卷，根据传说，最终这个图书馆里有超过50万本书卷。至于图书馆的毁灭，有3种不同的传说：有的将之归罪于公元前47年的凯撒大帝，有的认为是公元391年的基督教狂热信徒摧毁了图书馆，还有人认为是公元640年的穆斯林征服者所为。最有可能的是，当时存在多个图书馆，每个图书馆的藏书都没有传说中那么多，这些图书馆一直在陆陆续续地损失藏书——被贪婪的藏书者抢劫或是遭遇地震、火灾和持续不断的战火。至今为止图书馆的位置仍然是一个谜。

这块4000年前的浮雕上有一个表格，上面记录了古埃及各个地区的面积和牲畜的数量。

什么是分数？

　　分数是计量事物一部分的一种方式。在现代的记数法中，分数通常写作一上一下两个数，中间隔着一道分数线。上面的数字叫作分子，表示占有整体中的几个等份；下面的数字叫作分母，表示将整体等分成了几份。在分数 $\frac{1}{4}$ 中，分母4表示将整体分成四等份，而分子1表示占有四等份中的一份。

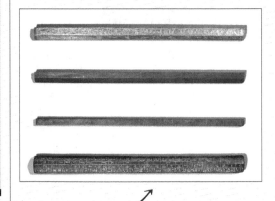

古埃及人的尺子，上面刻有分数单位。

古埃及分数

　　在林德数学手卷的87道练习题中，有81道涉及分数。古埃及人计算分数的方法也被称为分数次演算。美国数学史家德克·扬·斯特罗伊克将分数次演算称为"古埃及算术中最杰出的方面"。

　　古埃及人只使用单位分数。单位分数就是分子为1的分数。所以他们使用的分数都是这样的：$\frac{1}{2}$，$\frac{1}{3}$，$\frac{1}{56}$。用算术语言来说，就是他们使用的分数都符合 $\frac{1}{n}$ 的形式。唯一的例外是 $\frac{2}{3}$，古埃及人用专门的符号来表示它。

　　要表示分子不是1的分数，古埃及人会把它写作单位分数和的形式。例如，$\frac{2}{43}$ 写作 $\frac{1}{42}+\frac{1}{86}+\frac{1}{129}+\frac{1}{301}$。所有的单位分数都不重复。关于这一点有一个长久的谜团，就是古埃及数学家如何分解这些分数，又为何要这样分。还以 $\frac{2}{43}$ 为例，它还可以写成其他单位分数和的形式。古埃及数学家是怎么算出来这些单位分数的？又为什么要选这种分解方式呢？

　　为了防止学生自己发明新的分解方式，林德数学手卷在一开始就提供了一个表格，表格中是分子为2、分母为5到101之间的所有奇数的分数分解方式。埃及人不会写出分子（因为没有必要，所有的分子都是1），分数的形式就是在分母数字上画一个椭圆形的象形文字。$\frac{1}{2}$ 和 $\frac{2}{3}$ 有专门的符号：$\frac{1}{2}$ 的符号是一件折起来的衣服，而 $\frac{2}{3}$ 的符号是椭圆加上两条短短的竖线。下面的表格就是林德数学手卷在一开始的那个表格。第1列是作为分母的5到101之间的所有奇数，后续的几列是这个分数的分解方式。比如第2行就是表示 $\frac{2}{5}$ 可以分解成 $\frac{1}{3}+\frac{1}{15}$，第6行是 $\frac{2}{13}=\frac{1}{8}+\frac{1}{52}+\frac{1}{104}$。

$\frac{2}{n}$	$\frac{1}{p}$	+	$\frac{1}{q}$	+	$\frac{1}{r}$
5	3		15		
7	4		28		
9	6		18		
11	6		66		
13	8		52		104
15	10		30		

二进制乘法

　　在进行乘法和除法运算时，古埃及人使用二进制系统（基数为2的记数法，见第40页），这样就能把乘法简化为加法，但是会

太阳神荷鲁斯之眼

有一种简易的方法可以记住$\frac{1}{2}$的前6次阶乘，这就是荷鲁斯之眼。这个图案象征着保护和健康，但它的各个组成部分也被用来表示6个和为1的分数：

1——眼睛的左侧$=\frac{1}{2}$

2——瞳孔$=\frac{1}{4}$

3——眉毛$=\frac{1}{8}$

4——眼睛的右侧$=\frac{1}{16}$

5——弯曲的尾部$=\frac{1}{32}$

6——泪珠$=\frac{1}{64}$

实际上这些分数的和并不是1而是$\frac{63}{64}$。也许这蕴含着哲理："完美是不可能达到的。"又或许只是因为古埃及数学不区分近似值和准确值。组成眼睛的单位分数可以组成非单位函数，所以，$\frac{5}{8}=\frac{1}{2}+\frac{1}{8}$可以写成眼睛的左侧加上眉毛。

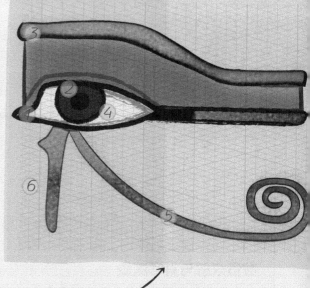

荷鲁斯之眼，被古埃及人用于帮助记忆分数。

使得运算更为烦琐。此外，尽管这套系统很简单，但是只能进行结果是整数的运算，对分数结果则无能为力。

二进制系统乘法是这样运算的，将被乘数分解成若干2的阶乘的和，用乘数去乘以每一个2的阶乘，最后加起来。在实际运用中，这就要写出两列数字，第一列以1开始，每一个数字都是上一行数字的两倍，另一列是乘数和左边2的阶乘的积。如果某一行左边的数字包含在被乘数中，书记官就会在这一行做个记号，最后把有记号的每一行右边的数字加起来。

以下表为例，用13和11相乘，把13分解为若干2的阶乘的和，再分别与11相乘，标记这些2的阶乘，最后对标记右列的数字求和。

13	11
1	1×11=11
2	2×11=22
4	4×11=44
8	8×11=88
1+4+8=13	11+44+88=143

进行除法运算时，过程是相反的，书记官编制了同样的表格，但是标记是做在右边，并且将左边相应的数字加起来。举例来说，用143除以13：

当我正要去圣艾夫斯

林德数学手卷的第79题为："7座房子，49只猫，343只老鼠，2401只耳朵，16 807赫卡特粮食（赫卡特是用于称量粮食的单位）。"很显然，这是我们童谣谜题的前身："当我正要去圣艾夫斯，我遇到一个男人，他有7个妻子，每个妻子拿着7个袋子，每个袋子里装着7只猫，每只猫有7个工具。请问工具、猫、袋子和妻子的总数是多少？"这说明古埃及人已经懂得了几何级数，因为这里说的数字涉及了7、7^2、7^3、7^4和7^5。

?	13
1	1×13=13
2	2×13=26
4	4×13=52
8	8×13=104
1+2+8=11	13+26+104=143

数量求解与斜率测量

林德数学手卷对古埃及人所具备的其他数学知识也有所揭示。代数学（见第94页）最简单的形式是线性方程$x+ax=b$，其中a和b是已知的常量，而x是未知的变量。

在林德数学手卷中，有一些要求学生求解的练习题，例如，第24题："一个量加上它的$1/7$等于19，求这个数。"用代数学的方程来写，就是$x+x/7=19$。古埃及僧侣体中的"量"有时称作"aha"，所以这种基础的"量的代数学"也被称作"aha微积分"。（这道题的答案应该是$x=16.625$，不过古埃及人会把小数部分写作一连串单位分数的和。）

林德数学手卷还讨论了如何求一个斜坡的斜率，古埃及人称斜率为"seket"。斜率描述的是直角三角形斜边的陡峭程度，它

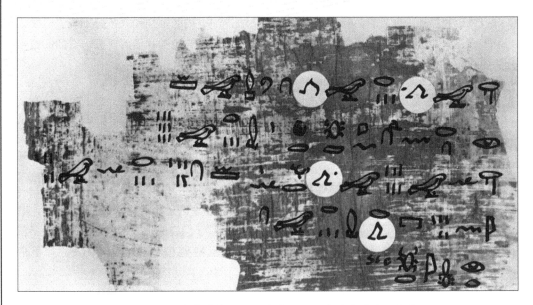

林德数学手卷中的练习题，其中的符号"走路的双腿"被高亮标出，向左走的腿表示加法，向右走的腿表示减法。

在建造金字塔时有重要的作用。古埃及人的其他测绘技能还包括：计算四边形面积的方法。根据古希腊历史学家希罗多德的说法，由于尼罗河经常泛滥冲毁田地，古埃及人需要学会测绘技能才能在田地被冲毁后重新划定地界。

方与圆

林德数学手卷的第50题提到："一个直径为9的圆的面积和一个边长为8的正方形的面积相等。"这里给出的圆周率是3.16，这与圆周率的精确值3.141 59…相当接近。他们是如何算出这个数字的？在林德数学手卷的第48题中提到了一种方法，这种方法是在圆的外面作一个外接正方形，再在内部作一个内接八边形。古埃及人已经知道了三角形的面积公式（$1/2 \times$ 底 $\times$ 高），所以他们能够计算出外接正方形4个角上三角形的面积，从正方形的面积中将它减去就得到了八边形的面积。古埃及人认为这个八边形的面积与圆的面积非常近似。

大金字塔是许多未解之谜的焦点。

未解之谜与神话传说

莫斯科数学手卷中也有如何求出棱台（就是锥体切去顶部的形状）体积的介绍。手卷中甚至有一份棱台截面的图表，并且推导出了求棱台面积的公式。这个公式相当复杂，现代数学中求出棱台面积需要用到微分学的知识，因此古埃及人究竟是如何得出这个公式的就成了一个谜。

除了棱台，古埃及人也知道如何求出锥体的体积，显然他们还在设计建造四棱锥形建筑——金字塔方面展现出了超凡的技艺。至今仍有许多未解之谜存在于金字塔中，尤其是吉萨的大金字塔。举例来说，人们常说大金字塔底部的周长等于半径为金字塔高的圆的周长。事实上如果这个等式成立，那么这里的圆周率精度还不如林德数学手卷里第50题提到的圆周率精度高。

基本图形

真正的直线在自然界中非常少见，几何学上纯粹的图形，如三角形、正方形甚至圆也非常少见。那么这些图形是从哪儿来的？它们是人类发明的、发现的，还是观察到的？古希腊哲学家柏拉图认为，某些关键图形是独立超然的存在，也许是超越这个世界的存在，他的哲学观点对后来的数学家有着巨大的影响。

自然的起伏

尽管非常罕见，但是在自然界中我们还是可以探寻到几何图形的来源。比如从水面就可以观察到平面和直线，因此古埃及人（或许还有在他们之前的史前文明）将水面作为测量工具。在建造巨大的神庙时，需要一片水平的土地。为此古埃及人会先挖一条沟渠，然后在其中注入水，标记出水面，最后向沟中回填泥土直到其底部变得笔直且上部与水面标记齐平。多边形（直线段构成的封闭图形）在自然界中也存在，比如在水晶中、在北爱尔兰巨人石道的玄武岩中，以及一些冰晶里。但是数学史家们常常忽视几何学灵感的一个重要来源：视觉错觉。在感光神经中产生了"噪声"时人们就会看到图形。比如用指关节按住眼球后看到的图形，就是一种比较轻微的"噪声"引发的。而如果服用致幻类药物就能看到清晰且极富冲击力的图形。有证据表明，地球上的早期文明都曾使用过致幻类药物，并且极有可能过量服用过这些药物，例如某些致幻蘑菇，这会使人看到丰富多样的几何图形。许多研究者将史前岩画和典型的服药幻觉建立起了联系。

基本图形

多边形（polygon，来自于希腊语，意

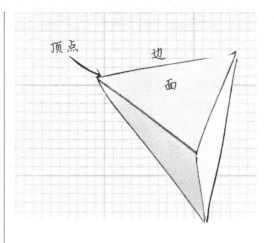

为"许多个角"）是指由不少于3条直线段构成的封闭图形。边和边相交的地方用数学语言说就是顶点，同时边在相交的同时还会形成一定的角度。连接不相邻的两个顶点的线段称为对角线。三维世界中的多角形——立体图形，是由面构成的。

我们最熟悉的多边形包括三角形、正方形和长方形。多边形一般按照它们拥有的角或者边的数目来命名。下页的表中列出了多边形的名字和特征，最多到十边形。

多边形中的角

多边形的内角和可以用下面的公式求出：（边的数目-2）×180°。一个三角形有

多边形	边的数目	角的数目	顶点的数目	对角线的数目
三角形	3	3	3	0
矩形*	4	4	4	2
五边形	5	5	5	5
六边形	6	6	6	6
七边形	7	7	7	7
八边形	8	8	8	8
九边形	9	9	9	9
十边形	10	10	10	10

3条边，内角和为（3-2）×180°=180°。正方形有4条边，内角和为（4-2）×180°=360°。作出经过多边形某一点的所有对角线，就能把这个多边形分成若干三角形。当然，三角形的个数就等于多边形边的数目减2。一个正方形的内角和等于两个三角形的内角和，因为它能被分割成两个三角形。

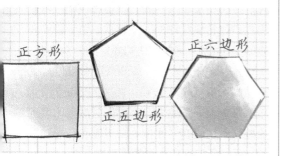

正方形　　正五边形　　正六边形

关于三角形

三角形的内角和总是180°。三角形根据角来分类：角是否相等，以及属于哪种角，具体有以下几种。

• 三角形的3个角都相等，则它的3条边也相等，称为等边三角形。每个角都是60°。

• 三角形有一对边和一对角分别相等，称为等腰三角形。

• 每条边都不相等且每个角也都不相等的三角形称为不等边三角形。

• 有一个角是90°的三角形称为直角三角形。

• 每个角都不大于90°的三角形称为锐角三角形。

• 有一个角大于90°的三角形称为钝角三角形。

周长就是三角形3条边长度的和。3条边中的任意一条都可以被称作底，从相对顶点到这条底的垂直线段的长度称为高。知道了底的长度（b）和高的长度（h），可以通过公式求出面积：三角形面积=$\frac{1}{2}×b×h$。

你可以自己推导出这个公式，先作出一个三角形，再沿着其中一条边复制它，这样就构成了一个平行四边形。平行四边形的面积是底×高，而三角形的面积是这个平行四边形的一半。

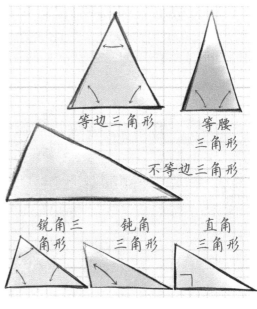

等边三角形　　等腰三角形　　不等边三角形
锐角三角形　　钝角三角形　　直角三角形

古印度数学

青铜时代另一个重要的文明中心是南亚。对这里的文明我们所知不多，但是有证据表明，这里的数学成就与近东地区不相上下，有些成就甚至高于西方。

印度河流域文明

南亚最早的文明中心在印度河流域，靠近古代城市摩亨佐-达罗和哈拉帕（都在如今的巴基斯坦境内），又被称为哈拉帕文明。在公元前2600年到公元前1900年，至少有两座城市在印度河流域兴起，同时还有上千个小规模的定居点。这一文明覆盖的面积和西欧一样大，是古美索不达米亚文明或者古埃及文明覆盖面积的两倍。哈拉帕和摩亨佐-达罗是拥有至少80 000人口的大型城市，并且有广大的贸易网络从中亚通往美索不达米亚和阿拉伯地区。

印度河流域文明的许多方面至今还是未解之谜，包括它的文字和语言。在印度河流域遗址的许多发现中，一系列大小不一的立方体石块十分特别。这些石块是用来规范贵重商品交易的砝码。它们精确的质量显示出当时人们高超的测量水准和技术成就。石块尺寸的变化规律也说明当时印度河流域文明用的是二进制记数法，至少在质量方面是这样。在这些大小不一的立方体石块中，最小的立方体石块被作为一个基本单位，它的质量略少于1克，其他石块的质量则分别是2、4、6、8、16、32、120个基本单位。大的砝码则变成了十进制，最大的质量为160个基本单位，约合140克。很显然，印度河流域文明已经有了比例、二进制和方形的概念，尽管是体现在有形的运用中。

在洛塔（位于如今的印度）的考古工地上，人们发现了一把尺子，证明了印度河流域文明使用十进制系统测量长度。尺子上有27道极细的刻痕，相邻两道刻痕之间的距离平均仅有1.7毫米。这种尺子用来规范细小物品的尺寸，例如印章；也可以用在较大的物品上，比如说建造城市的砖块。

← 哈拉帕的废墟，曾经的印度河流域主要人口中心。

祭坛与无穷

印度河流域文明在公元前1900年左右分崩离析，可能是因为气候变化的缘故，接下来南亚的文明进入了吠陀时代，从公元前1500年持续到公元前500年。在此期间，古印度数学衍生出了它最重要的一些特质。人们发现了一些几何定律，用来建造吠陀教特有的火坛。吠陀和后继的佛教哲学都强调时间与空间的无穷，因此古印度数学对无穷的概念早有所涉及。人们发明了表示递增数字的方法。大约公元前1000年，吠陀早期的箴言里，有用10的阶乘形式表示的10^4亿，同时也为算术运算设定了规则，包括加法、乘法、分数运算、平方运算、开平方运算和立方运算。

在公元4世纪，一份梵文文献中提到，佛祖数到了10^{53}，而其他的记数法能描述10^{421}这样大的数，这比全宇宙中所有的原子数目还要多（估计宇宙中全部原子的数目在10^{80}左右）。在这份文献中还涉及用极小的尺度来描述构成物质的最小单位（原始的原子论）的内容，最小的尺度到了1米的7×10^5亿分之一，非常接近碳原子的尺寸。古代耆那文献里区分了各种无穷，而古代佛教文献中则把数字分为可数的、不可数的和无穷的。这也给日后的数学概念埋下了伏笔，诸如不确定数（无法被定义的数字，如$^0/_0$）。

古印度人在几何学上也取得了很大的成就。吠陀语的《绳法经》写就于约公元前8世纪，其中就有毕达哥拉斯定理，并且列出了毕达哥拉斯三角形数（见第66页：毕达哥拉斯三元组与金字塔），甚至有人认为毕达哥拉斯是看过《绳法经》的。《绳法经》还演示了如何解出简单的线性方程（方程中的未知数最高只有一次方，例如$ax+by+c=0$）以及二元一次方程（方程中的未知数最高只有二次方，例如$ax^2+by+c=0$）。此外，《绳法经》还展示了如何给2开方，求出一个精度很高的解：$1+^1/_3+^1/_{(3 \times 4)}+^1/_{(3 \times 4 \times 34)}=1.414\ 215\ 6$。这个解到小数点后第5位都是正确的，实际值是$1.414\ 213\ 56\cdots$。

摩亨佐－达罗城堡的照片，背景是佛舍利塔。

算　术

算术是数学最简单也是最古老的分支，研究的是正规数和分数，以及它们之间的基本运算：加减乘除。英语单词"arithmetic"意为"代数学"，来自于希腊语的"arithmos"，意思是"数字"。而这个希腊语单词的词根"ar"在印欧语系中的意思是"合在一起"。

基本运算

设想一下加法最简单的形式：把两堆东西加起来就相当于数出它们的总数。a加b，也就相当于先数出a再往下数b。一旦早期人类意识到加法的顺序对结果并无影响，加法就成了一个抽象的概念，正如数字成为抽象概念一样（3就是3，不论数的是牛还是石头）。事实上，加法的这一性质被称作交换律，加法是具有交换性的运算。这意味着交换运算数字的顺序并不影响结果，用代数的语言表示就是$a+b=b+a$。加法还符合结合律，意味着加法运算的数字顺序并不重要，代数语言写作：$(a+b)+c=a+(b+c)$。加法运算的结果称为和。

加法运算的逆运算叫作减法，得出的结果是两个数之间的差。减法既不符合交换律也不符合结合律。也就是说，减法的数字顺序是很重要的。比如说，7-3=4，而3-7=-4。这一点在研究运算顺序时可能造成混乱（见本页方框：请原谅我亲爱的萨莉阿姨）。最简单的方法是把减法看作加法，把减去的数看作加上这个数的相反数，也就是$a-b=a+(-b)$。例如，7-3=4，而7+（-3）=4。这样运算就符合交换律了。

请原谅我亲爱的萨莉阿姨

众多数学运算的特性意味着记住运用它们的顺序很重要。（用小括号或者中括号把运算项括起来很有用，因为这样可使运算顺序一目了然。）在基础运算中，乘除法优先于加减法。如果算上指数运算（又叫幂运算，例如2^3就是2的三次方），运算的优先顺序应该是先计算括号内的，然后依次是指数运算、乘除法运算、加减法运算。这些运算的英文首字母连起来就是PEMDAS或者BEMDAS，英语中用首字母相同的顺口溜Please Excuse My Dear Aunt Sally（请原谅我亲爱的萨莉阿姨）来记忆。如果把减法和除法看作特殊的加法和乘法，那么口诀就变成了PEMA或者BEMA。

乘法涉及两个数，乘号前面的数称为被乘数，乘号后面的数称为乘数，乘法的结果称为积。乘法既符合交换律也符合结合律。乘法的逆运算称为除法，求出的是两个数相除的商，第一个数称为被除数，第二个则是除数。和减法一样，除法也不符合交换律和结合律，但是除法也可以看成被除数乘以除数的倒数。在代数学中，x的倒数就是$\frac{1}{x}$，所以$a \div b = a \times (\frac{1}{b})$。例如，$21 \div 7$与$7 \div 21$的结果不相等，但与$21 \times (\frac{1}{7})$的结果相等。

算术工具

对大多数人来说，一旦算术运算中的数字越来越大，涉及的项越来越多，大脑就会不胜负荷。利用工具可以把早期文明发明的代数概念形式化。印加绳结和算盘都是很好的例子。就拿算盘来说，最早它是一块计数板的形式，上面有放置鹅卵石的凹槽。在沙地或者泥土上画出的线也可以代替计数板，史前时代很可能就用这种办法。现存最早的算盘是古巴比伦时代的，是一块石板上放着白色大理石算珠，大约是公元前300年的产物。古罗马人发明了便携的算盘，这种算盘能放进口袋，是由木板或者金属板制成的，上面有供算珠滑动的凹槽。在公元1200年左右，中国人发明了算盘，也就是我们今天所见到的样子：木质的框架里有许多算珠，算珠在轴上来回移动。

中国的算盘。

古巴比伦文明

除了埃及之外，近东地区另一个数学中心是美索不达米亚平原，即两河流域。这里是古巴比伦文明的发祥地，但古巴比伦文明包括许多帝国和文化。其中最早的是苏美尔人在公元前4000年左右创立的文明，甚至早于古埃及文明。

苏美尔人被阿卡德人征服了，后者又被巴比伦本地人（也就是古巴比伦帝国）征服了。这一地区的统治权在各个王朝与种族之间轮替，后来美索不达米亚平原落入波斯人手中，最终希腊色娄苛王（亚历山大大帝麾下一名将军的后裔）统治了这里。从古巴比伦帝国兴起，到波斯人在公元前539年征服这里，古美索不达米亚文明被统称为古巴比伦文明。然而，古巴比伦数学却包含了公元前2000年到近代这段时间里这一地区取得的所有数学成就。因此古巴比伦数学相较于古埃及数学，起源更早，流传更久，总体来说成就也更高一些。

古巴比伦人取得了众多的文化成就，包括建造了许多具有纪念意义的建筑，诸如阶形金字塔、古巴比伦城巨大的城墙，以及传奇的空中花园。空中花园如果真的存在的话，很有可能是层层的梯田构造，由大规模的机械供水系统灌溉，就和保障这一地区农业生产的运河沟渠系统一样。古巴比伦人的天文学知识也是广受赞誉，在古巴比伦时代将要结束的时候，学者们已经能够利用精深的数学知识预测复杂的天文现象了。

持久的印象

之所以古巴比伦人的数学成就被认为强于古埃及人，其中一个重要原因是有更多的文物留存下来。由于原材料不足，古巴比伦人没有使用奢侈的纸莎草纸，而是用当地充裕的泥土制造了三角锥和泥板，设计了一套书写系统，用尖笔在湿土上刻出印痕。泥板比起纸莎草纸更容易保存，有大约500 000块古巴比伦泥板保存到了今天，其中大多数都是数学文件，大致可以分为两类：表格文件和问题文件。表格文件主要是记录了数值的表格，比如乘法、质量和度量、平方和立方，还有倒数表。举例来说，有一块泥板上刻着1到59的平方，另一块刻着1到32的立方；有一块石板上刻着会计使用的复利的计算表格，从中可见古巴比伦数学注重应用。问题文件则类似于林德数学手卷（见第21页方框：纸上的痕迹），上面写着供学生练习的问题，泥板上最多能有200个问题。

古巴比伦数字

苏美尔人的泥塑物件是证明数的概念产生的最早证据之一，美索不达米亚人用它们代表数字，小泥锥代表1，泥球代表10，大泥锥代表60。在公元前2700年到公元前2300年这段时间里，这些小物件被用在早期的算盘或是沙做的计数板上（见第33页方框：算术工具）。因为政务和会计需要，楔

古巴比伦城的浪漫景色，其中有阶形金字塔和空中花园。

古巴比伦的楔形文字板，上面刻有正方形和三角形。

形文字得到了发展，刻写的符号从而代替了筹码。利用最早的位值制系统，古巴比伦人能够只用3个符号就表示出很大的数字，这3个符号分别代表1、10和60。事实上，古巴比伦人发明了两种略有不同的数字，分别是楔形数字和曲线形数字，通俗地说就是尖的数字和圆的数字。前者是用刻写笔尖的一头刻出来的，后者是用圆的一头刻出来的。曲线形数字用来表示已经付过的工资，而楔形数字表示未付的工资和其他数字。

六十进制

古巴比伦人采用了六十进制的记数法（见第40页方框：基数的名字），有专门

的符号表示60和3600以及它们的倒数 60^{-1}（$1/60$）和 60^{-2}（$1/3600$），对后世产生了很大的影响。这意味着巴比伦数字的"1，3，20"等于十进制的3800，因为"1，3，20"其实意味着（1×60^2）+（3×60^1）+（20×60^0）=3800。

这样的位值制系统可以轻松写出大数字，还便于计算。奥地利裔美籍考古学家奥托·诺伊格鲍尔在解读古巴比伦数字系统方面扮演了关键角色，他把位值制的重要程度与字母表相提并论。

在古巴比伦记数法中，如果某一位上是空的话，就会在这一位上留个空。所以古巴比伦数字1,_,1表示（1×3600）+（没有60）+1=3601。这个空格作为占位符出现在公元前3世纪左右，是0的雏形。然而，这个"古巴比伦的0"从来不在数字的末尾出

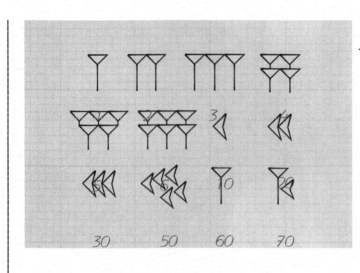

楔形文字在美索不达米亚平原的应用。

空"，1谢伊相当于1米的 $\frac{1}{360}$（约合2.8毫米）。另一个单位称作"指"，1指长等于6谢伊，30指叫作"库什"或是"腕尺"，约合半米；12库什等于1"宁丹"或是"杆尺"。面积的基本单位是"萨尔"，意为"小块土地"，大约合36平方米。体积的基本单位是"西拉"，用来度量谷物、油和啤酒等的体积，相当于1升。质量的基本单位则是"曼纳"，大约是0.5千克。砖头之类的固体的体积单位是基于面积单位的，720块标准砖的体积是1"砖萨尔"。

问题文件中典型的数学练习题可能会涉及求解不规则图形的面积。古巴比伦人将这些图形分割成三角形和"牛头形"（想象一下一个长方形一条边的旁边再加一个三角形）。其中的长度单位一般是"杆尺"或是"腕尺"，求出的答案（面积）要用"萨尔"作为单位。

现，所以数字还是会出现歧义。比如说，如果十进制数字在最后没有0，那么"12"可以表示12、120、1200等。这样一来要知道一个数究竟是多少就要从上下文来判断。更为棘手的是，古巴比伦人有小数的概念，但却没有发明小数点，这就意味着12可能表示120，也可能表示1.2。

美索不达米亚测度

古巴比伦人使用很多单位，一标准单位大多数都是60的因子或是倍数。比如说，长度的最小单位叫作"谢伊"或是"巴雷

为什么以60为基数？

为什么古巴比伦人要以60为基数？关于这一点有许多争论。有一种观点认为，古巴比伦历史上持续的征战和吞并，导致早期的统治者要使用一种能兼容五进制和十二进制的记数法。另一种可能是与一年中的天数有关，或者是古巴比伦人把一年的12个月和当时已知的5个行星相乘了。最有可能的理论是公元4世纪古希腊学者亚历山大的席恩提出的，他认为原因是60能被2、3、5、10、12、15、20和30整除。事实上，60是能被1到6整除的最小整数，这样六十进制系统计算起来就会非常方便。

在今天还能见到古巴比伦人应用六十进制系统的影子：1圈被分为360°；1小时有60分钟，也即3600秒。不过古巴比伦人的一天只有12小时，每小时60分钟，这意味着那时候的1分钟时间等于现在的2分钟。

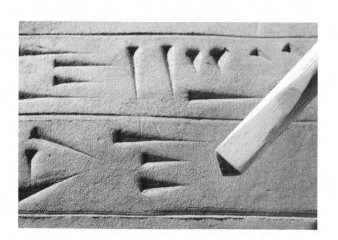

楔形文字是用楔形头的笔刀在湿泥土上刻写出来的。

公元前 2000 年前后的泥板上记录了牲口的交易情况。

古巴比伦数学

古巴比伦人凭借他们精妙的数字系统，在数学上取得了许多具有里程碑意义的成就。然而他们的数学和古埃及人的数学有着基本相同的特质：具体，重实用，且不精确。泥板上的数学题都是具体案例，而没有给出通用公式；精确结果和近似结果常常不加区分；而且与古希腊数学相比，古巴比伦数学没有数学证明。

在最初，古巴比伦数学演化的理由和古埃及数学一样：为实际运用提供工具。这个新诞生的文明由一小群精英阶层统治着大多数人口，面临着分配水和食物、建造维护大型公共建筑、收税以及保护财产、实施法律手段等诸多问题。所以如我们所料，和林德数学手卷一样，古巴比伦泥板上的数学题都专注于实际且具体的应用，诸如求出土地的面积，或是如何把食物分给总数为奇数的人。而在古巴比伦时代的末期，由于天文官们开始进行更为繁复的运算，并且出现了纯数学的探索，数学翻开了更为精妙和学术化的篇章。塞琉西王朝时代，有的计算甚至精确到小数点后17位（相当于把圆周率求解到3.141 592 653 589 793 23这样的程度）。美国数学史家德克·扬·斯特罗伊克这样评价："如此复杂的数字计算不再是为了求解税收或是测量问题，而是为了求解天文问题或是出于对数学纯粹的爱。"

更名改姓的代数学

我们知道，代数学的特征是用字母代表未知量，然后用等式来表示这些未知量之间的关系（见第94页）。古巴比伦人大量地应用代数学，但却不是以这种形式。在汉谟拉比国王时代，也就是公元前1750年前后

古亚述人的天文历。

的古巴比伦时代，人们已经能够解开二次甚至三次方程。他们并不使用字母或者等式，而是用类似古埃及人的方式来表达问题。他们会提出一个虚拟的问题，未知量被称为长度、广度、宽度和面积，而不会使用a、b、x、y这样的字母。比如说，一块古巴比伦泥板上记录了这样一道题，用现代语言表达就是："一块地，由两个正方形组成，总面积为1000。其中一个正方形的边长是另一个的$^2/_3$还少10，那么这两个正方形的边长分别是多少？"用现代数学语言，就这个问题可以列出两个方程：$x^2+y^2=1000$，以及$y=(^2/_3)x-10$。由于现在我们有了负数的概念，所以这个二元二次方程组应该有两组解，一正一负。但是古巴比伦人并没有负数的概念，所以这个方程组对他们来说只有一组解，那就是$x=30$，$y=10$。这种计算有着现实的运用：在土地调查和解决财产纠纷时，常常会遇到不知道土地的长和宽的情况。

抽象思考

有证据显示，古巴比伦人已经开始从他们的数学问题中归纳总结出一些通用的定理。比如说，在一块泥板上，刻着一个正方形以及它的对角线，并且给出了边长与对角线的比例是$1:\sqrt{2}$。显然古巴比伦人已经意识到这一点对于所有正方形都成立，而不只是单单对某一特定的地块或图形成立。

一度引起人们广泛兴趣和争议的一块泥板被称作普林顿322号（因为它是哥伦比亚大学普林顿藏库的第322号藏品），大约制作于公元前1800年。泥板上刻有一张数字表，包括标有"对角线"和"宽度"的栏目。奥地利裔美籍考古学家奥托·诺伊格鲍尔经过破译后发现，这是一张毕达哥拉斯三元组的表格——每一组的3个数都是整数，且正好是直角三角形3条边的边长。例如，如果两条直角边分别长3和4，根据毕达哥拉斯定

用楔形文字记下的虚构的代数问题。

理，斜边长度就应该是5（见第66页）。

很明显，古巴比伦人知道毕达哥拉斯定理，当然他们是不会这样称呼这一定理的。但是，并不是所有人都认同普林顿322号证明了这一点，也许这块泥板只是计算的练习题，而古巴比伦人并没有注意到背后的规律。由于没有留存下定理或是推导过程，我们也许永远也无法得知真相了。不过，在诺伊格鲍尔里程碑式的著作《古代的精密科学》中，他坚持认为："尽管我们现在对古巴比伦数学的了解可能还不够全面，但是毫无疑问的是，我们所知道的古巴比伦数学在很多方面可以与文艺复兴前期比肩。"

详解基数

所谓基数，就是在位值制记数法中，有可能用到的数字或值的个数。举例来说，在十进制（也就是以10为基数的记数法）中，每个位置上的数字有10种可能（0~9），所以基数是10；在二进制系统中，每个位置上的数字有2种可能（0~1），所以基数是2。

基数的名字

记数法可以使用任何基数，下面是各种常见的记数法（以基数表示）及其中英文名。

基数	英文名	中文名
2	Binary	二进制
3	Ternary	三进制
4	Quaternary	四进制
5	Quinary	五进制
6	Senary	六进制
7	Septenary	七进制
8	Octal	八进制
9	Nonary	九进制
10	Decimal	十进制
11	Undenary	十一进制
12	Duodecimal	十二进制
16	Hexadecimal	十六进制
20	Vigesimal	二十进制
60	Sexagesimal	六十进制

为了表示数字所采用的进制，一般会在数字后加上相应的下标。例如111_2，表示二进制（基数为2）中的111，也就是十进制中的7；而111_8表示八进制（基数为8）中的111，也就是十进制中的73。

十进制中各个数位所代表的数值

在十进制中，每个数位都代表着10的某次幂。例如，如果约定了数字111.1中每一位所代表的值，那么我们就可以看出这个数一共占据了4个数位。

A	B	C	.	D
1	1	1	.	1

标有A的位置表示10^2，那么这个位置上的数字就表示一共有几个10^2。标有D的位置表示10^{-1}，那么这个位置上的数字就表示一共有几个10^{-1}。重新标注后我们可以得到下表：

10^2（百位）	10^1（十位）	10^0（个位）	.	10^{-1}（十分位）
1	1	1	.	1

由于十进制系统是我们日常生活中必不可少的一部分，因此人们不会费工夫去深究它的运作原理。当你见到数字111时，你不会去细想百位上的数字是几，十位上的数字是几，又有多少个数位上有数字。你不需要计算就能看出最终的结果。

小数点

十位　个位　$^1/_{10}$（十分位）

$^1/_{100}$（百分位）

$^1/_{1000}$（千分位）

21.798

以10为倍率　以$^1/_{10}$为倍率

二进制

除了十进制，人们最熟悉的可能就是二进制了。二进制在计算机领域得到广泛运用。由于二进制只有两个数字0和1，因此在计算机中可以通过一个开关的开（1）或者关（0）来进行物理表示。每个数字（0或是1）被称为1比特（bit）——"bit"是英文词组"binary digit"（二进制数字）的缩写。在计算机领域还经常用到八进制和十六进制，其基数分别是2^3和2^4。由于使用了这些进制，所以内存容量或是硬盘容量在我们十进制的眼光看来都不是"整"的，例如16Mbit的内存或者是720Mbit的硬盘（Mbit表示megabits，兆比特，1M=1024）。

要理解二进制的数字，或是其他进制的数字，对我们来说都很难，因为我们不习惯按照位值制来计算数字。比如说，你看到数字"11"，你立刻想到十进制的"11"，但是并不会列出这样的算式来计算：$(1×10^1)_{10}$+$(1×10^0)_{10}$。在二进制中，$11_2=3_{10}$，因为第一位上的数字表示有多少个"2"，而第二位数字表示有多少个"1"。在看到其他进制的数字时，脑中补上一些分隔数位的逗号会有所帮助。

位值制同样对0到1之间的数字有效，也就是小数。比如说，在十进制中，小数点后第一位表示成$^1/_{10}$，但在二进制中却表示成$^1/_2$。在二进制中，小数点后第二位表示成$^1/_4$。因此二进制的数字1.11_2表示$(1+^1/_2+^1/_4)_{10}$，也就是十进制的1.75。

更高的基数

在比十进制低的进制中，我们平常的记数法有足够的符号来表示。例如，八进制中只需要0~7就够了。在更高的进制中，我们没有足够的数字符号来表示，因为我们只有10个数字（0~9）。一种解决办法是用字母来表示比9更大的数字（见下表）。在十六进制中，A=10，B=11，以此类推。在十六进制中，10_{16}等于十进制中的16_{10}，因为10_{16}表示的是一个"16"并且个位为0。那么，数字$14F_{16}=(1×16^2)_{10}$+$(4×16^1)_{10}$+15，也就是十进制中的335。

十进制	1	2	3	4	5	6	7	8	9	10	11	12	13	14	15
十六进制	1	2	3	4	5	6	7	8	9	A	B	C	D	E	F

圆的解析

圆是由所有到中心点距离相等的点组成的曲线构成的平面图形。它的特性令人产生神秘的联想：它既没有开始也没有结尾，可以从任意一点开始测量，并且关于每一条轴对称。

圆在自然界中也很常见，从近似的圆——向日葵的头部或是橙子的切面，到近乎完美的圆——太阳或者满月的形象。也许正是因为圆与天体的联系，加上它神秘的特性，史前人类才为之深深着迷。在世界各地的史前岩石艺术中，圆形图案——包括圆形的雕刻、圆形的浮雕以及同心圆图案，都是非常常见的。这些图案一直流传下来，出现在早期的陶瓷作品以及其他艺术形式中。

测量圆周

圆周曲线的长度被称为圆周长。圆上任意一点到圆心的距离被称为半径。通过圆上任意两点以及圆心的线段被称为直径。直径的长度是半径的两倍。要记住这3个名词并不难，英文单词最短的 "radius"（半径）确实最短，而英文单词最长的 "circumference"（圆周长）也确实最长，"diameter"（直径）介于二者之间。

一旦人们开始以一定的精度测量事物，就会注意到直径（D）与圆周长（C）之间的特殊关系。不论圆的大小，直径和圆周长之间的比例始终是恒定的。圆的周长与直径之间的比例被称为圆周率（pi），通常用希腊字母 π 来表示。圆周率无法用分数或者小数来精确表示，不过在大多数计算中，可以大略地用3.14作为近似。关于圆周率的内

公元前3000年的螺旋线石刻，发现于爱尔兰的纽格莱奇墓。

容，请看第48页"圆周率的前世今生"。

一旦知道了这个简单等式 $C/D = \pi \approx$ 3.14（符号 $\approx$ 表示约等于），你就可以通过圆的一个长度推算出其他的，只需要稍微变换一下等式：

$$C = \pi \times D$$
$$D = C/\pi$$

举例来说，如果你已经知道一棵大红杉有10米粗，那么你绕着它走一圈一共走了多远呢？只需要计算3.14×10=31.4米。反过来，如果你看到一棵树却不知道它的直径，那你只需要数一数绕着它走一圈需要多少步，然后乘以每一步的步幅，再除以3.14，就知道它的直径是多少了。一个成年人的步幅大约是0.75米。

英国北部地区的史前岩石艺术，其中有圆杯状的雕刻。

《维特鲁威人》

　　时至今日，圆依然充满神秘色彩，也许达·芬奇的画作《维特鲁威人》正是最好的注解。在这幅画中，一名男子伸展开四肢，四肢的末端都落在了圆周的曲线或正方形的边上。达·芬奇绘制的是罗马建筑家马库斯·维特鲁威作品中描述的一个段落。维特鲁威活跃于公元前1世纪，他的著作《建筑十书》对神圣数字与神圣分割的概念有着深刻的影响。在探讨神庙建筑学时，维特鲁威写道："如果一个男人平躺下来，手和脚都伸展开，用圆规以他的肚脐为圆心作圆，那么手指和脚趾都将落在圆周上。同时，人的身体不仅能构成一个圆，也可以构成一个正方形。"

　　一种说法认为，这幅画作是达·芬奇化圆为方的一种尝试。所谓化圆为方就是画出一个圆形和一个正方形，无需测量就能使它们面积相等。

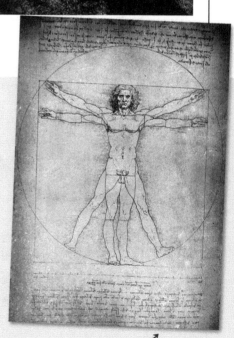

达·芬奇的画作《维特鲁威人》。

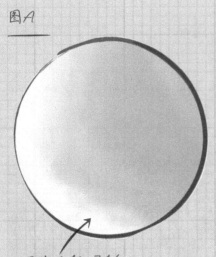

图A

圆的面积=3.14

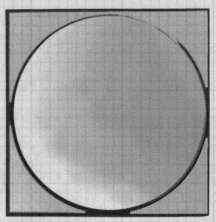

正方形的面积=4

图B

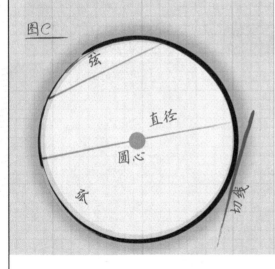

图C

弦

直径

圆心

弦

切线

（$^\pi/_4$）$\times D^2$。最简单的圆是半径为1的圆——这是一个单位圆。因为$1^2=1$，所以圆面积为π，或约等于3.14（图A）。使用单位圆可以很容易地比较圆和正方形，因为边长等于单位圆的直径的正方形的面积是$2^2=4$（图B），所以单位圆的面积和边长等于其直径的正方形的面积之比为$^{3.14}/_4$，约等于0.785（78.5%）。这一比率说明在与图B同类的情况下圆面积占正方形面积的比例是固定的。

线段与分割

尽管关于圆的数学术语复杂难懂，但是对理解其几何性质非常重要。与圆有关的线段主要有以下几种（图C）。

- 弦：连接圆上相异两点的线段。
- 直径：通过圆心的弦。
- 弧：圆周长的一部分。
- 切线：与圆有且只有一个交点的直线。

一个圆可以被"分割"开（图D）。分割的结果主要有两种。

- 扇形：两条半径切割出的图形，就像一块比萨饼一样。
- 圆弧：一条弦切割出的图形。

$^1/_4$圆和半圆都是扇形的一种，分别是圆

很重要的一点是，不要把直径（D）和半径（r）弄混了。直径是半径的两倍，所以$C = \pi \times D = \pi \times 2r$。数学问题中通常会用到半径而不是直径，因为在计算圆的面积时需要使用到半径。

圆的面积

计算圆面积的公式是$\pi \times r^2$（或πr^2）。如果使用直径代替半径，那么公式会变成

图D

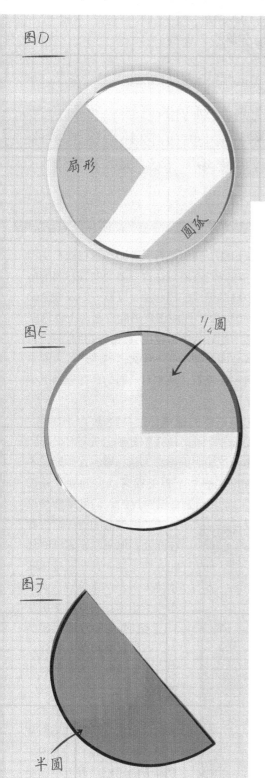

扇形

圆弧

图E

¹/₄ 圆

图F

半圆

图G

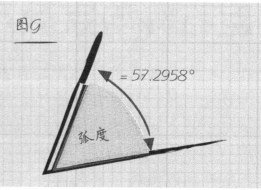

= 57.2958°

弧度

的 ¹/₄ 和 ¹/₂（图E和图F）。

扇形的角度指的是组成扇形的两条半径之间的夹角的度数。你可以用扇形的角度来求出其面积。一个圆的圆心角是360°，面积为 πr^2，因此，如果一个扇形的角度为 $x°$，那么它的面积就是 $^{x°}/_{360°} \times \pi r^2$。举例来说，一个 ¹/₄ 圆的角度为90°，那么它的面积就是 $^{90°}/_{360°} = ^1/_4 \times$ 那个圆的面积。

弧度

角的大小通常用角度来表示，圆的一周是360°已为人所熟知。然而，数学家常常更偏向于用弧度来表示圆里的角。弧长等于半径的弧，其所对的圆心角为1弧度。举个例子，如果有一个半径为1米的圆，取一条长度为1米的绳子，将它沿着圆摆放，再将其两端与圆心相连，这两条线段的夹角就是1弧度。数学家偏爱弧度，是因为它是纯粹的度量——它完全基于圆本身的性质——并且在许多计算中可以得到更简洁的结果，例如在三角学中。

从圆的面积公式我们可以推导出，圆的一周是 2π 弧度，半圆则是 π 弧度。由于半圆也对应着180°，我们可以说180° = π 弧度，或是1弧度=180°/π。这意味着1弧度大约是57.2958°（图G）。

再回到刚才那个半径为1米的圆的例子中，完整圆的弧度可以告诉我们，需要多少条1米长的绳子才能覆盖整个圆周：$1 \times 2\pi \approx 6.28$ 条绳子。

巨石阵与宗教几何

新石器时代建造的巨石阵是许多迷思与误解的聚焦点。然而显而易见的是，它蕴含着数学，特别是几何学的原理。巨石阵与其他巨石时期的历史遗迹代表了著名文化中心以外地区的数学传统知识。人们推测，基于这种数学传统，也许这些数学知识已经在西欧流传了许久。

甚至有这样的可能性：这些"大西洋边"的数学传统的终极继承人，也就是黑铁时代的凯尔特人以及他们的祭司，与毕达哥拉斯学派及其划时代的数学探索有着某种联系。

巨石阵

巨石阵位于英国威尔特郡索尔兹伯里平原。现如今，这座巨石时期的历史遗迹由一圈高大的沙石质立石围绕着马蹄形的另一组石头组成，四周还有一种叫作青石的石头构成的石圈的遗迹。在这些高大的立石周围是许多坑洞组成的同心圆，以及一对坟堆遗迹和一组4个排列成正方形的立石。上述这些都被一圈环状沟壑包围着。在东北方向，有一条土沟勾勒出的古代大道的遗迹。大道中央有一块踵石，原本有一对，现在只剩下一块了。

巨石阵的建造前后共经历了500年，从公元前2950年开始到约公元前2450年结束。这段时期被称为新石器时代中期。不过周围的一些土方工程可以追溯到公元前7500年。后来青铜时代的人们继续尊奉这处圣地，部落的酋长选择葬在此处。似乎甚至黑铁时代的人们（其中有些被称作凯尔特人）仍然将这些石头用作宗教用途。所以尽管说在18世纪时，人们通常误认为巨石阵是德鲁伊人所建，但有可能德鲁伊人真的尊崇这里。

就算是早期的调查者也能明显看出，巨石阵与重要的天象排成一线，比如说夏至那天的日出。最近可以更

空中俯瞰巨石阵，可以看到其外围的工程。

位于苏格兰外赫布里底群岛的卡棱尼什立石。

明显地看出，巨石阵的设计可能主要是为了和相反方向的天象排成一线。这样的设计使得从大道上过来的队伍可以看到冬至那天的落日位于石头祭坛上，而石头祭坛就是原本的青石圈的中心。

除了和太阳连成一线，或许巨石阵在建造时也要和月亮保持一线。立石构成了一个矩形，包围着沙石构成的圆圈。矩形的短边与冬至日和夏至日的太阳排成一线，长边则与月亮18年运动周期中从最南端升起时的位置排成一线。长边与短边分别和此时月亮的升起位置与冬至那天的落日排成一线，使得东南方的立石排成了90°。

石头的几何学

对于这种超凡的几何构造，牛津大学地形考古学家安东尼·约翰逊提出：巨石建筑背后的指导原则并非天文学，而是几何学。根据约翰逊的理论，建造者们先作出了一个圆，又作出一个正方形，使其4个顶点落在圆周上，然后再作一个正方形构成了一个八边形。之后建造者们将绳子拴在八边形顶点处的木桩上，来标记出切割圆周的弧，同时标记出更复杂多边形的顶点。约翰逊借助计算机分析，只用绳子和木桩，加上这种圆和正方形的几何学，最多可以作出五十六

边形。这就和纪念碑周围的56个"奥布里洞"（用来插木桩的洞）联系在了一起。约翰逊还发现了巨石阵很多其他的多边图形，并提出最初沙石环其实是一个三十边形。约翰逊说，所有这一切"都显示巨石阵的建造者们从经验出发，获取了复杂的毕达哥拉斯几何学知识，然而却比毕达哥拉斯早了2000年"。

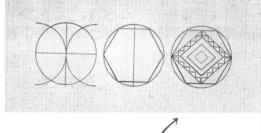

如图所示，只用绳索和木桩可以作出如此复杂的几何图形。

与毕达哥拉斯的联系

在这复杂的几何建筑建成于索尔兹伯里平原2000多年后，德鲁伊人，也就是古代不列颠人中的神职阶层，或许也尊崇这里。当时他们的信仰与仪式究竟是如何的，现如今已不得而知。不过有一些有趣的线索告诉我们，他们与意大利南部的毕达哥拉斯学派拥有同样的信仰，后者活跃于相同的年代。举例来说，两方都相信转世投胎，而且德鲁伊人也以智慧与学识而闻名。也许他们有着和毕达哥拉斯学派相似的几何学知识，只是由于没有书写文化而没有记录下来。关于德鲁伊人的传说有一点可以肯定，他们制作了有12个结的带子，这样可以作出直角三角形。把这条带子当作一个毕达哥拉斯三元组的绘制工具，可以作出边长为3、4、5的直角三角形（见第66页方框：毕达哥拉斯三元组与金字塔）。

圆周率的前世今生

从古时候起，圆周率就迷住了数学家们。一旦人们明白了比例、分数和除法的概念，很快就会发现圆周长和圆直径的比例有些奇怪。根据定义，所有的圆都是同样的形状；用几何学术语说，就是它们都相似。这也就意味着，对于所有的圆来说，直径与周长的比例应该是一定的。

不论是史前的艺术家还是古希腊时代的哲学家，任何人在测量一个圆时都会发现，用圆周长除以圆直径无法除尽。周长与直径的比接近3，但是这个结果不精确。

你也可以自己发现这一点。找一张大一点的纸和一个圆规，或者用一根针、一根绳子和一支铅笔制作你自己的圆规。画几个不同大小的圆，然后测量它们的直径，把各个圆的直径写在圆里。再找一根绳子，尽可能小心地将它沿着圆周放置。测量出绳子

布丰的投针实验与知道圆周率的蚂蚁

18世纪法国自然学家与数学家乔治-路易·勒克莱尔·德·布丰伯爵提出了一种绝妙的估算圆周率的方法，这种方法被称作布丰投针实验。不断地将一根针随机地投向一块无限大的平面，平面上画满了平行线，这样就能通过统计学估算出圆周率。这是因为，针的长度小于平行线的间隙，那么针与平行线接触或者相交的概率就等于针长度（l）的两倍除以平行线的间隙（d）再乘以圆周率：$2l \times {}^\pi/_d$。所以如果你随机向地板投针并数出针与地板上的平行线相交或接触的次数，就可以计算出圆周率。

据说布丰实践自己理论的做法是把法式长棍面包过肩扔出，面包落在铺了瓷砖的地面上。而在1901年，意大利数学家马里奥·拉扎里尼宣称他投了3408次针，得到的圆周率为${}^{355}/_{113}$，或者写作3.141 592 9…，这与精确值的误差小于0.000 000 3。对拉扎里尼的结果有人提出质疑，因为就算计算机也很难达到如此精准的随机性，使得这个算法能够奏效。

令人惊讶的是，2000年的一项研究显示，蚂蚁会使用这种方法来决定它巢穴的大小。通过在实验室里观察学名为 *Leptothorax albipennis* 的蚂蚁，英国巴斯大学数学生物中心的研究者伊蒙·B.马龙和奈杰尔·R.弗兰克斯发现，蚂蚁去新地点探路时会留下气味踪迹并数出踪迹上交叉点的个数，然后将这一信息转化为对面积的估计。

德·布丰伯爵，没有和他的针在一起。

史上的圆周率值

数学家	国家/城市	时间	圆周率的值
亚米斯	埃及	公元前1650年	$^{256}/_{18}$ (3.160 49)
阿基米德	希腊	公元前250年	$^{223}/_{71} < \pi < ^{22}/_7$ (3.141 8)
张衡	中国	公元130年	$\sqrt{10}$ (3.162 2)
托勒密	亚历山大港	公元150年	3.141 6
祖冲之	中国	公元480年	$^{355}/_{113}$ (3.141 592 9…)
阿耶波多	印度	公元499年	$^{628\ 32}/_{20\ 000}$ (3.141 6)
阿尔-花剌子米	波斯	公元800年	3.141 6
斐波那契	意大利	公元1220年	3.141 818

的长度，得出圆周长的一个估计值。现在用你得到的周长除以圆的直径。你会发现几个圆的结果都大致近似——约3.14——无论圆的大小如何。当然，这个数值就是圆周率，英文中用pi表示，pi=周长（C）除以直径（D），即pi=C/D。pi是希腊字母 π 的读音，而 π 被用作标准的符号。

无理的且超越的

想要用精确的比例或者分数（当然这两者本质上是一样的）来表示圆周率是不可能的。一个不能用比例来表示的数被称作无理数，圆周率就是人类发现的第一个无理数。圆周率也是"超越的"，意思就是它不可能用任何整系数的代数方程来表示。

圆周率的简史

《圣经》里有一篇在数学界有名的段子暗示了圆周率的值。《圣经·列王记上》第7章第23节中给出了铸造的铜碗（也就是"大海"）的尺寸，这个铜碗被用在仪式上进行洗涤。文中说它的直径是10肘，周长是30肘（"他又铸一个铜海，样式是圆的，高五肘、径十肘、围三十肘。"）。显然 $^{30}/_{10}$=3。

《列王记》写于公元前950年左右，但事实上在这之前1000多年人们就已经发现更精确的圆周率了。现存最早的数学文献（比如林德数学手卷以及巴比伦陶板）显示，古

记住圆周率

以下是圆周率精确到小数点后100位的结果：

3.141 592 653 589 793 238 462 643 383 279 502 884 197 169 399 375 105 820 974 944 592 307 816 406 286 208 998 628 034 825 342 117 067 9…

就算是这些数字中的几个也足以撑满你的记忆。如果你想让别人惊叹于你记住了圆周率的前9位或者前10位，你可以利用下面的英文短句来帮助记忆，每个单词包含字母的数量代表一个数字：

May I have a large container of butter today.

3.141 592 65

For I know I chose knowledge to attain life's joy.

3.141 592 653

人已经认识到在日常生活中应用的圆周率（比如《圣经》中提到的）和它的实际值是存在差距的。古埃及人和古巴比伦人的文献显示，他们在涉及圆的粗略计算中使用3作为近似值，同时也会使用更精确的值，比如 $3^1/_6$ 或是 $3^1/_8$。

第一个系统地计算圆周率到较高精度的人是公元前250年的古希腊叙拉古数学家阿基米德。他用逼近法来求圆周率，利用略

公元500年，中国数学家祖冲之计算的圆周率精确到小数点后6位。

34位。这个数值被刻在了他的墓碑上。

从17世纪起，新的方法使人们可以计算出更精确的圆周率。大约在1706年，英国天文学家约翰·梅钦将圆周率计算到了小数点后100位。在19世纪，英国业余数学家威廉·香克斯花了15年时间计算到了小数点后707位（大约是以每周一位的速度）。不幸的是，其中有180位是错的。1844年，德国学者约翰·达思用不到两个月的时间算出了小数点后的200位。一个世纪之后，英国数学家D. F. 弗格森用一台数字计算器计算到了808位。现如今，超级计算机可以计算到小数点后10^{12}位。

大于圆周和略小于圆周的多边形为圆周率定出上下界。多边形的边数越多，面积越接近圆，得出的上下界就越接近圆周率。阿基米德使用的多边形最多到了96边形。

阿基米德采用的方法被使用了1900年。利用该方法，中国、印度以及伊斯兰世界的数学家求出了越来越精确的圆周率（见上一页表格）。这一方法的应用在1596年达到顶峰，荷兰数学家鲁道夫·凡·科伊伦以他超凡的工作量，利用一个2^{62}（大约46亿）边形，将圆周率的值精确到了小数点后

圆周率的符号

在古希腊，字母π表示数字80。从1647年起，它被用来表示C/D这个比例。英国数学家威廉·奥特雷德（计算尺的发明人，见第136页方框：纳皮尔的骨头）首次在文章中使用了它，不过当时它的含义和现在的有些不同。1706年威尔士数学家威廉·琼斯首次提出用π表示3.141 592 6…，之后被18世纪中期的瑞士数学家莱昂哈德·欧拉采用并推广。

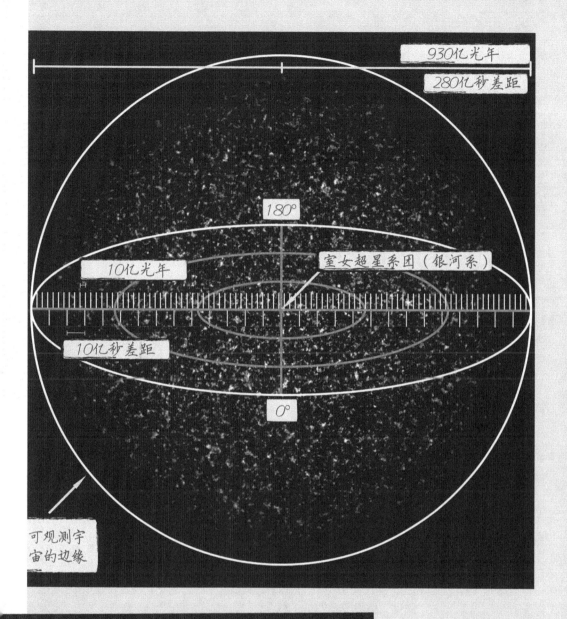

930亿光年

280亿秒差距

180°

10亿光年

室女超星系团（银河系）

10亿秒差距

0°

可观测宇宙的边缘

我们需要圆周率精确到小数点后多少位？

将圆周率计算到小数点后数百位甚至10^{12}位可能只是人们的学术兴趣，那么它有没有运用价值呢？显然手工艺人、建筑工人或者工程师只要用圆周率的近似值就可以了，那么他们在实际运用中到底要用精确到多少位的圆周率呢？并不太多。精确到小数点后10位的圆周率在计算地球周长时的误差只有0.2米。根据苏格兰数学家乔纳森·博文和皮特·博文的说法："只需要精确到小数点后39位的圆周率就可以计算出半径为2×10^{25}米的圆周长。这个半径是一个以光速飞行200亿年的物体所能飞出的最远距离，相当于宇宙的半径，而误差则小于10^{-12}米，这个长度小于一个氢原子的半径。

古希腊时代的数学

古希腊人对数学的发展有着深远的影响。通过亚历山大港大约公元前6世纪开始形成的悠久的古希腊文化，古希腊学者与深受古希腊文化影响的其他地区的古典思想者们一同建立了西方数学体系。在那之后的上千年，学者们在亚历山大港刻苦钻研学问。古希腊人是最早在抽象领域运用数学的人，也是最早以一种科学的方式来表述它的人。尽管最初古希腊人仅仅聚焦于几何学，尤其以毕达哥拉斯定理闻名，但是他们同样发展了算术、数论（比如发现了质数）、代数学、工程学和测地学（测量地球的学科）等，甚至开始探索无限的概念。

萨摩斯岛上的毕达哥拉斯的半身像。毕达哥拉斯是一位古希腊的哲学家与神秘主义者。他与他的追随者是史上最早的纯数学探索者。

毕达哥拉斯：发明了数学的人

古希腊哲学家与神秘主义者，来自萨摩斯的毕达哥拉斯（约公元前565—公元前495年）是发明了数学的人，至少他创造了这个名词并且确定了它的含义。他是数学史早期极为重要的一位人物，然而人们对他的许多了解都是不确切的。

讽刺的是，有一个例外，那就是以他名字命名的定理并不是他发现的。然而，毕达哥拉斯和/或他的追随者属于最初证明这条直角三角形定理的人，并且在几何学、数论以及与音乐有关的数学理论上有着领先的发现。尽管如此，如果说数学是通过抽象定理进行一系列逻辑思考，那么毕达哥拉斯并不是第一个研究数学的人，这一殊荣应当属于米利都人泰勒斯。

米利都人泰勒斯

泰勒斯（约公元前625—公元前547年）是我们已知姓名的最早的数学家。作为古希腊的七贤者之一，泰勒斯居住在米利都。米利都位于小亚细亚的爱奥尼亚海岸上。泰勒斯曾游学至埃及以学习数学与哲学。据说他利用阴影测量出了吉萨大金字塔的高度（见下页方框：金字塔的阴影：几何学与科学的诞生）。

泰勒斯之所以著名是因为他是最早提出数学定理的人。所谓定理就是可以通过数学公理（数学的法则）来证明的陈述或者假设。尽管泰勒斯的定理都相对较为基础，通常只是表述出了不证自明的关系，然而他的工作却实现了数学实践的基础与变革性的突破。当古埃及人和古巴比伦人还在针对具体问题具体求解时，泰勒斯成了第一个用具体例子推理出通行准则的人。这样一来，他将数学转化成了一门科学。尽管泰勒斯的工作成果没有相关记载留存下来，但后世的写作者都将以下一系列基础几何学的发现归功于他。

1. 任何一个圆都被它的直径平分，或者说一个圆被它的任意一条直径平分。
2. 等腰三角形两底角相等。
3. 两直线相交，对顶角相等。
4. 相似三角形对应边成比例。
5. 如果两个三角形的两个角及其夹边对应相等，那么这两个三角形全等。

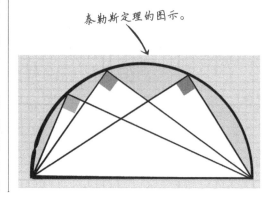

泰勒斯定理的图示。

金字塔的阴影：几何学与科学的诞生

几何学处在希腊数学概念的中心。英语单词中的"geometry"意为"几何学"，来自于希腊单词"geo"，意为"大地"；以及"metria"，意为"测量"。这也揭示了当时几何学的实践性本质。古埃及人和古巴比伦人使用几何学是为了测量金字塔或是田地。然而自泰勒斯开始，古希腊人将几何学发展到了新的高度。他们寻求通过抽象演绎，从

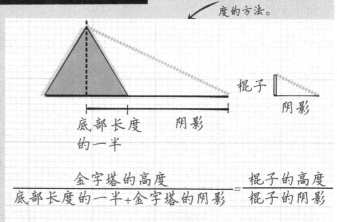

泰勒斯求金字塔高度的方法。

$$\frac{金字塔的高度}{底部长度的一半+金字塔的阴影}=\frac{棍子的高度}{棍子的阴影}$$

例证和已证明的定理中抽象出公理和准则。于是，几何学成了关于连续数量与比例的科学，并达到了一个仅存在于思维中的抽象高度，至少是不存在于现实世界的。这是一次伟大的哲学飞跃，将古希腊人的思维从现实世界中解放出来，使他们开始对人生、宇宙以及其他的一切进行哲学思考。泰勒斯或许是第一个使几何学抽象化的人，他创立了那些"显而易见"的原理，并论证了它们共通的抽象的真理。这是科学史上的重要时刻。

泰勒斯和吉萨大金字塔的故事就是几何学由古埃及几何学到古希腊新几何学巨大飞跃的一个很好的例证。当泰勒斯在埃及学习时，他参观了位于卢克索的大金字塔。他只是把棍子插在了地上，然后比较了棍子影子的长度和金字塔影子的长度，就计算出了金字塔的高度，令他的导游惊讶不已。对古埃及人来说，这就像是魔术；但对于泰勒斯来说，这只是简单的逻辑。仅仅通过逻辑思考，泰勒斯就可以揭开自然的奥秘。

6. 半圆所对的圆周角是直角。

其中，第六条定理一般被称为泰勒斯定理。换种说法就是，如果你在圆中作一个三角形，以直径为底，并且顶点落在圆周上，那么底所对的角是直角。

毕达哥拉斯的人生与传奇

毕达哥拉斯在世时是一个传奇，但是人们对他的生活却知之甚少。毕达哥拉斯出生在萨摩斯岛上。他的父亲叫墨涅撒尔库斯，是一个商人。毕达哥拉斯师从哲学家安纳西曼德（约公元前610—公元前546年），他曾经是泰勒斯的学生。据说，毕达哥拉斯被告知，要想学习数学，必须前往埃及。又有传言说，他也曾前往波斯游历。之后，他前往西西里岛，并最终定居在位于意大利南部的克罗顿，当时那里有很多希腊殖民地。在那里，毕达哥拉斯创办了学校，并吸引了很多追随者，人们认为他具有学识和智慧。

萨摩斯岛上的毕达哥拉斯，也被称为"满脸皱纹的圣人"。

毕达哥拉斯在称量铁砧，以求出质量和音调之间的关系。

数字与宇宙的奥秘

毕达哥拉斯学派的人被认为是数论以及算术性质研究的奠基人。他们尤其对数字图形感兴趣：也就是一系列数字和图形的结合。举例来说，他们发现一个数（n）的平方等于前n个奇数的和。比如，$n=4$时，$4^2=16=$前4个奇数的和（$1+3+5+7$）。你可以自己给定一个n试试。

毕达哥拉斯学派对完全数很感兴趣。如果一个数的所有因子的和正好等于这个数，那么这个数就叫完全数。比如6的因子是1、2、3，而$1+2+3=6$，所以6是一个完全数。毕达哥拉斯学派还至少发现了第一对亲和数，即有些成对的数字，一个数的所有因子的和正好是另一个数。比如说220的因子分别是1、2、4、5、10、11、20、22、44、55和110，它们的和是284；而284的因子分别是1、2、4、71、142，它们的和是220。

毕达哥拉斯学派最崇拜的数字是10，据说它是一个三角形数，因为它是一个递增数列的和：$1+2+3+4=10$。在用点代替数字时，它的三角形性质更显露无疑（见下页图）。

毕达哥拉斯学派把有10个点的三角形称为神秘三角，不仅因为它构成了一个等边三角形，也因为它的边代表了毕达哥拉斯发现的和谐比例，分别是2∶1、3∶2和4∶3。

球体的音乐

毕达哥拉斯学派关注数字之间的关系。毕达哥拉斯学派的哲学核心是相信一些数字的特定组合与另一个数字相关。这是一种神秘的和谐。这种和谐既是抽象的，具有几何性质的；同时又是实际的，具有物理性质的。更进一步地说，整个宇宙中的事物都是通过这种神秘关系联系在一起，进而达到和谐的。根据传说，这一论断源自于毕达哥拉斯年轻时的发现。在经过一座铁匠工作的冶炼厂时，毕达哥拉斯注意到锤子发出的声音似乎具有韵律，而且似乎还很和谐。通过对此进行深入调查，他发现不同尺寸的锤子会根据一定的规律发出不同的声音。

之后的实验很可能是在单弦琴上进行的。单弦琴是一种只有一根弦的乐器，上面有一根桥状物，可以来回移动，从而将这根弦分成不同的比例。这说明和谐的音程与数字的比例有关。如果桥状物移动到弦的中间，那么两部分弦会发出同样的音调，但是会比一整根弦高出一个八度音阶。如果移动到 $1/3$ 处，那么两部分弦会发出不同但却和谐的音调。毕达哥拉斯能够用比例来表示前4个泛音。2：1、3：2和4：3分别代表弦长的比例，并与八度音阶和基本和弦（第四和第五和弦）相对应。

最和谐的音调包含在递增数列1：2：3：4中，因此这个递增数列组成的三角形被毕达哥拉斯学派称为"神秘三角"。对毕达哥拉斯来说，这证明了数字的和谐关系隐藏在宇宙的每一个细微处。类似地，天体间的关系也是和谐的，被称作"球体的音乐"，这种音乐只有毕达哥拉斯才能听到。

禁忌之数

毕达哥拉斯数论的关键在于数字都是整数，这样相互间才能以比例相联系。毕达哥拉斯学派相信有理数是组成宇宙的基石，是由神创造的。正是由于这种信仰，他们中的一人发现了无理数才显得尤为尴尬。希帕索斯是毕达哥拉斯的一个学生。他试图求出2的平方根，但却发现无法用两个整数的比例表达。据说，可怜的希帕索斯因为试图宣扬他的"异端邪说"而被溺死。

推导毕达哥拉斯定理

除了数论以外，毕达哥拉斯学派还发展出一套几何学的系统。古希腊数学在欧几里得之前还没能达到完全的科学标准，即严格的演绎证明（见第74页：欧几里得与他的《几何原本》）。不过毕达哥拉斯学派却演绎出通用的定理，没有哪一条定理能比以毕

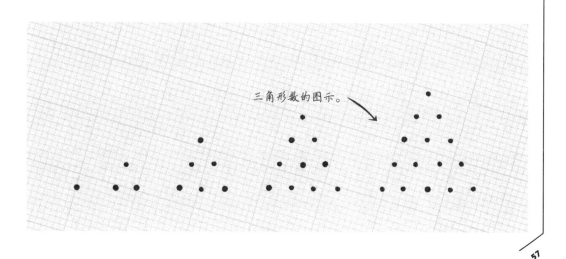

三角形数的图示。

中世纪的木刻展示了用铃铛和装着水的杯子演奏毕达哥拉斯式的音乐。

达哥拉斯名字命名的那条定理更出名了。尽管在毕达哥拉斯之前的古代世界的人知晓这条定理已经至少1000年了，但是毕达哥拉斯是第一个给出定义并记录下了证明过程的人（见第66页：毕达哥拉斯定理）。

你可以追随毕达哥拉斯的脚步，自己证明这条定理。准备一支笔、一些纸和一把剪刀。

在纸中央画一个小的直角三角形（下页图A）。以它的长边（斜边）为边长作一个正方形，并且用一种颜色涂满它，比如说绿色（下页图B）。在另一张纸上画一个一样大小的正方形。用直线把它分割成图C上面的正方形所示的样子。

将两个正方形分别剪下，再把第二个正方形沿直线剪开。按照图D的样子重新排列这些碎片，得到两个正方形。将这两个正方形放在原来三角形的两条直角边上。这就证明了绿色正方形的面积和两条直角边上的两个正方形面积的和相等。

任何图案都可以

毕达哥拉斯学派没有意识到，他们著名的定理并不仅仅适用于三角形斜边上作出的正方形，而是通用于任何正多边形。不论是正五边形还是正十二边形，甚至是半圆，这条定理都适用。比如说，以三角形斜边为边长的正五边形的面积等于两条直角边上的正五边形的面积之和。

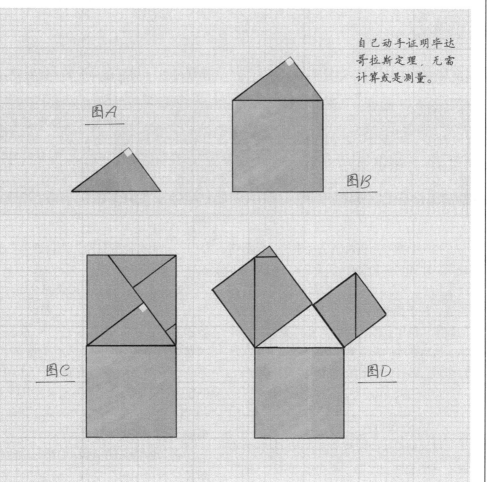

自己动手证明毕达
哥拉斯定理，无需
计算或是测量。

图A

图B

图C

图D

指数

除了乘法之外，还有一种代数运算方法可以进行指数运算。指数运算也被称为幂运算，意思是一个数字自乘一定的次数，而次数由指数来决定。

当一个数字用这种方法相乘时，被称作升次。比如说，2自乘4次（$2×2×2×2$）就是2的4次方。与自己相乘的这个数被称为底，在上面的例子中，2就是底。在标准的数学写法中，底的字号大些；指数字号较小，且写在底的右上角。比如说，2的4次方写作2^4。展开一个指数式就可以得到因子：

$$5^5=5×5×5×5×5$$
因子

因为要自乘的次数不同，所以指数式有着不同的念法。比如，4^3可以叫作"4的立方"，也可以叫作"4的3次方"，或是"4的3次幂"。总的来说，表达式a^n的意思是"a与其自身相乘n次"。

最常见的指数是2，比如$2^2=4$，$3^2=9$，$4^2=16$，$5^2=25$，$6^2=36$，等等。平方根是整数的数字，被称为完美平方，比如4、9、16、25、36，等等。

不寻常的指数

指数有可能是负数，比如2^{-1}。负指数的意思是用1除以底数若干次，这就相当于求倒数。换句话说，$2^{-1}={}^1/_2$，$6^{-1}={}^1/_6$，等等，以此类推。对于除了-1之外的负数，展开式子会便于理解：$5^{-3}=1÷5÷5÷5$。这就相当于$1÷(5×5×5)=({}^1/_5)^3={}^1/_{125}=$

0.008。将负指数变换为正指数再求倒数，这样计算会简便一些。

不要把负指数幂和负数的指数幂相混淆，这一点很重要。比如说，$(-2)^2=(-2)×(-2)=4$，而$2^{-2}=({}^1/_2)^2={}^1/_4$。负数的偶数次方永远是正数，而负数的奇数次方永远是负数。举例说明：$(-5)^2=(-5)×(-5)=25$，而$(-5)^3=(-5)×(-5)×(-5)=-125$。负数的负指数次方是其正指数次方的倒数，比如$(-3)^{-3}={}^1/_{(-3)^3}={}^1/_{-27}$。

有两种特殊的指数：0和1。指数为1表示你只有"一份"底数，相当于底数和1相乘。换种说法就是，$n^1=n$，例如$6^1=6$。任何非零数的0次方等于1（用数学表达式写就是$n^0=1$），例如$6^0=1$，$8^0=1$。

有一种简单的计算指数幂的方式，就是从1开始，用底数和1相乘或者相除指数次。比如说，4的不同次方分别见下表。

指数形式	乘/除	结果
4^2	$1×4×4$	16
4^1	$1×4$	4
4^0	1	1
4^{-1}	$1÷4$	0.25
4^{-2}	$1÷4÷4$	0.0625

指数法则

指数法则是用来处理指数式之间相乘

或者相除运算时的规定。在把各项相加或者相减之前，指数相同的可以合并。比如说$a^4+5a^4=6a^4$，而$a^3+a^2\neq a^5$（$\neq$号表示不等于）。在相乘或者是相除时，在底数相同的情况下，你可以简单地把指数相加减。比如说，$16^5\times16^9=16^{5+9}=16^{14}$，而$16^9\div16^3=16^{9-3}=16^6$。

指数运算的全部法则如下。

法则	示例
$a^m\times a^n=a^{m+n}$	$a^2\times a^3=a^{2+3}=a^5$
$a^m\div a^n=a^{m-n}$	$a^6\div a^2=a^{6-2}=a^4$
$(a^m)^n=a^{mn}$	$(a^2)^3=a^{2\times3}=a^6$
$(a\times b)^n=a^n\times b^n$	$(a\times b)^3=a^3\times b^3$
$(a\div b)^n=a^n\div b^n$	$(a\div b)^2=a^2\div b^2$

书写高次运算

之所以要运用指数是因为它能节省书写空间。写a^7（a外加一个上标7）比写$aaaaaaa$要简单多了。法国哲学家笛卡儿在他1637年的论文《几何学》中使用了上标来表示指数，使得这一写法流行开来（值得一提的是，笛卡儿不写a^2，而是写aa来代替，可能因为这种情况下写指数并不节省空间）。不过笛卡儿并非第一人。中世纪时期的法国数学家尼可·奥雷姆在14世纪时就将指数写成了上标形式，不过并没有提及升次运算。1636年，詹姆斯·休谟采用了笛卡儿的写法，不过他用罗马数字来表示指数，例如A^{iii}。上标的写法给早期的印刷业者带来了困难，因为上标游离在主书写行之外，由于必须将它们挤进两行之内，所以上标的字号要小一些。

笛卡儿《方法论》的封面，《几何学》是它的附录部分。

质　数

质数是其他所有数字的基石。在古时，质数就迷倒了许多数学家，即使到了今天，搜寻大质数的行动仍在继续。到2013年1月为止，最大的已知质数是$2^{578\,851\,61}-1$，这个数有17 425 170位。

不可除尽

质数的定义是只能被1和它自身整除的数。质数是构成数字世界的原子（英文"atom"，这个词来源于古希腊语"atomos"，意思是"无法除尽"）。一个能被除了自身和1以外的其他数字整除的数称为合数。而能够整除其他数的数字被称为因数，数字n的因数相乘就可以得到n。合数最终总可以分解成质因数，也就是说，所有的合数都可以写成其质因数的积。

算术的基本定律

事实上，关于质数有一条定律，叫作算术的基本定律，比上文的陈述更进一步。这个定律指出，任何一个比1大的数，要么是质数，要么存在唯一的质因数分解方式。举例来说，12的质因数分解式为$2 \times 2 \times 3$，这样的一个3乘以两个2的组合是唯一的，任何其他的质数相乘都不可能得到12。你也可以自己用别的数字试试看——这个数要么是个质数，要么是一组唯一的质数的乘积。

这就意味着，不仅是所有的合数都可以分解成质因数的乘积，而且对于每一个合数来说，这样的分解形式都是唯一的。这样看来，数字就像是化学物质。每一种元素都是由独一无二且不可分割的原子组成的，而且每一种分子都可以看作各种元素形成的独特组合——在数字的世界中，我们可以说质数就像是元素，而合数就像是分子。

究竟有多少质数

想要说清楚10或者20以内有多少质数是一件很容易的事情，但是随着范围的扩大，想要说清楚质数可就越来越难了：1到100中有25%的数是质数，但是1到1 000 000中只有7.9%的数是质数。那么质数的个数到底有没有极限？古希腊的数学家欧几里得（见第74页）曾经考虑过这个问题，他想出了一种精巧方法，来证明质数

质数在互联网安全领域有着重要的作用。

讨论质数

质数的世界已经形成了一套行话。举例来说，"双生质数"表示的是一对差为2的质数。换句话说，就是两个连续的奇数同时又是两个质数。这样的例子有3和5、5和7、11和13。其他行话还包括"互质"。两个互质的数本身不是质数，而是它们除了1以外没有共同的因数。比方说，15和28是互质的，因为15的因数（1，3，5，15）和28的因数（1，2，4，7，14，28）除了1以外都不相同。

质数时间

在自然界中也可以看到质数的身影，其中一个例子就是北美"十七年蝉"的生命周期。在同一地域的蝉会同时蛰伏许多年，然后同时苏醒，匆忙交配繁殖后，又同时回到休眠状态。根据所在地域的不同，十七年蝉会在每13年或17年后进入交配期。交配期不会间隔12、14、15、16或者18年出现，只会以质数的时间间隔出现。这样的设定有着进化论上的意义，因为这样可以最大程度地减少十七年蝉在生命周期内和它的天敌相遇的可能。举例来说，一种生命周期为12年的蝉，可能遇到生命周期为2、3、4、6年的天敌，这样一来，蝉在繁殖的同时就会遇到大批的同时繁殖的天敌。而生命周期为13年的蝉只会遇到生命周期为13或者13的倍数的天敌。这样的规律并不是出自深谋远虑的家族规划，而是自然选择的必然结果。

的个数是无穷的。

欧几里得首先假设存在一个最大的质数，这就意味着总共有n个质数，而n是一个有限的数［不管n是100万（10^6）还是10^{24}都没有关系］。然后我们把所有的质数按照从小到大的顺序排列起来，第1个质数P_1是2，第2个质数P_2是3，第3个质数P_3是5，以此类推，第n个质数P_n是最大的质数。欧几里得假设了一个数q，它是这n个质数的乘积再加1：$q=(P_1 \times P_2 \times P_3 \times \cdots \times P_n)+1$。q不管被之前的哪一个质数除都余1。这就意味着，这个新的数q要么是个质数，要么存在比第n个质数P_n更大的质因数。这样一来，就意味着存在第n+1个更大的质数。而这与最初的假设矛盾，假设不成立，所以质数是无穷的。这个证明被称作欧几里得的反证法。

这些蝉在进化过程中确定了以质数为时间间隔的交配期。

厄拉多塞筛法

古希腊数学家厄拉多塞发明了一种找质数的方法，叫作"筛法"。因为从图像上看，这种方法不断筛去合数，从而留下质数。使用这种方法甚至不需要知道什么是质数。你也可以自己试试。首先作一个表格，上面写着从1到你指定的数（一般是100）。你的目标是划去所有的非质数，只留下质数。首先涂黑1（或者划去），因为它不是一个质数。从2开始，之后每过两个数就涂黑（也就是涂黑所有大于2的偶数）。然后移动到下一个没被涂黑的数，也就是3，之后每过3个数就涂黑（6、9、12等）。每遇到一个没涂黑的数就重复上述步骤。比如遇到11时，每过11个数就涂黑（尽管要找出100以内的质数，遇到7的时候就已经全部找到了）。当你对整个表格完成上述操作时，没被涂黑的就是质数。相反，1到100内被涂黑的都是合数。

涂黑（或者划去）1以及2的所有倍数，再按顺序涂黑所有剩下的数的倍数。

1	2	3	4	5	6	7	8	9	10
11	12	13	14	15	16	17	18	19	20
21	22	23	24	25	26	27	28	29	30
31	32	33	34	35	36	37	38	39	40
41	42	43	44	45	46	47	48	49	50
51	52	53	54	55	56	57	58	59	60
61	62	63	64	65	66	67	68	69	70
71	72	73	74	75	76	77	78	79	80
81	82	83	84	85	86	87	88	89	90
91	92	93	94	95	96	97	98	99	100

1	2	3	4	5	6	7	8	9	10
11	12	13	14	15	16	17	18	19	20
21	22	23	24	25	26	27	28	29	30
31	32	33	34	35	36	37	38	39	40
41	42	43	44	45	46	47	48	49	50
51	52	53	54	55	56	57	58	59	60
61	62	63	64	65	66	67	68	69	70
71	72	73	74	75	76	77	78	79	80
81	82	83	84	85	86	87	88	89	90
91	92	93	94	95	96	97	98	99	100

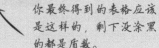

你最终得到的表格应该是这样的，剩下没涂黑的都是质数。

哥德巴赫猜想

克里斯蒂安·哥德巴赫（1690—1764年）是普鲁士的一位业余数学家。他居住在俄国，与伟大的瑞士数学家莱昂哈德·欧拉（见第166页）处在同一个时代。在1742年写给欧拉的信中，哥德巴赫提出，（用现代的术语来说）所有大于4的偶数都可以写成两个奇质数的和（也就是大于2的质数）。现在这被称为哥德巴赫猜想，有时候也被表述成"所有大于2的偶数都是两个质数的和"。

欧拉对哥德巴赫猜想很是轻视，明确表示他认为这一猜想是无足轻重的："每个偶数都是两个质数的和，我认为这是显而易见的。尽管我无法证明它。"之后有人甚至对之更为不屑。英国数学家G.H.哈代写道："故作聪明的猜想总是相对容易的。有些定理，比如'哥德巴赫定理'，虽然从未被证明，但是连傻子都能猜到。"

虽然如此，哥德巴赫猜想却远比欧拉想象的要难以证明。数学家们已经设法证明了，至少对小于400 000 000 000的偶数这个猜想是成立的，并且每个偶数都可以写成最多6个而不是两个质数的和。在2000年到2002年之间，为了推广阿波斯托洛·道萨迪亚斯的小说《佩卓大叔与哥德巴赫猜想》，出版商费伯公司悬赏100万美元求解哥德巴赫猜想，但是却无人领赏。

哥德巴赫写给欧拉的信，上面提出了他著名的猜想。

毕达哥拉斯定理

毕达哥拉斯定理或许是最著名的数学定理了，但实际上它并不是由毕达哥拉斯最先发现的。在毕达哥拉斯之前至少1000年，古巴比伦人就已经知道这条定理了（见第39页），而古埃及人也对它的最简单形式十分熟悉（见本页方框：毕达哥拉斯三元组与金字塔）。

然而，毕达哥拉斯本人是第一个给出该定理的几何证明（由前提推导出结论的证明方法，见第74页：欧几里得与他的《几何原本》）的人，之后这种方法被他的追随者中的数学家们广为传播。

毕达哥拉斯定理的内容是：在直角三角形中，对着直角的长边称为斜边，以斜边为边长的正方形面积等于分别以两条直角边为边长的正方形面积的和（见对页图A）。如果用a、b、c表示这3条边的边长（其中c表示斜边边长），这个定理可以写成$a^2+b^2=c^2$。这条定理的用途之广泛令人意外，最显而易见的是，只要你知道a和b就可以求出c。

毕达哥拉斯的证明

经典的毕达哥拉斯证明如对页图B所示，这也是最简单和最便于理解的。图B左边的图形是一个大的白色正方形，显然是以左上角的三角形的斜边为边长。想象把这些橘黄色的三角形移动一下拼在一起，剩下两个白色正方形。这两个正方形分别是以长直角边和短直角边为边长。所有白色部分的面积保持不变，因为4个三角形都还在大正方形内，说明以斜边为边长的正方形面积等于分别以两条直角边为边长的正方形面积的和。

据说这种由毕达哥拉斯提出的证明方法只是这条定理的100种几何证明方法之一，此外还有无数种代数证明方法。数学家们把寻找证明方法当作一种消遣。第二十任美国总统詹姆斯·A.加菲尔德也是其中一人，他在1876年发现了一种证明方法。

毕达哥拉斯三元组与金字塔

古希腊人利用这条定理简单实际的应用建造了金字塔（以及其他建筑）。他们拿一根有12个结的绳子，然后作出一个边长分别为3、4、5的直角三角形（见对页图C）。3、4、5这3个数字是最简单的毕达哥拉斯三元组。毕达哥拉斯三元组就是3个整数，以这3个数为边长的直角三角形满足毕达哥拉斯定理。3、4、5可能就是古埃及人知道的全部了，但是古巴比伦人显然知道更多：一块被称为普林顿322号的泥板（见第39页）上记录了整整一表格的三元组。

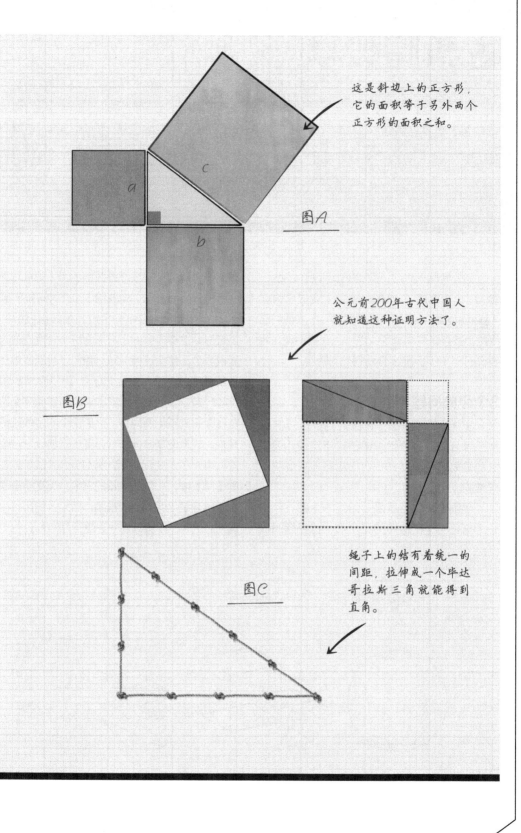

这是斜边上的正方形，它的面积等于另外两个正方形的面积之和。

图A

公元前200年古代中国人就知道这种证明方法了。

图B

绳子上的结有着统一的间距，拉伸成一个毕达哥拉斯三角就能得到直角。

图C

古希腊数学

泰勒斯与毕达哥拉斯以及他们的学派把数学从会计师和调查员们的应用技术转化成了一门纯粹的科学。他们追求的是纯粹的概念。

对古希腊人来说，数学（mathematics，意为"已知的"）现在已经完全变成了哲学（philosophy，意为"热爱智慧"），他们已经爱上数学研究本身了。这一点在我们现在所要说的3个经典问题上体现得尤为明显。

3个经典问题

3个经典问题是：化圆为方、倍立方以及三等分角。古希腊人试图只用定理、逻辑以及最简单的工具——直尺和圆规来解决这些难题。

化圆为方的意思是，给定一个圆，作出一个与它的面积相等的正方形。这是起源最早的一个问题，早在林德数学手卷（见第21页方框：纸上的痕迹）中就给出了一种可能的解法。手卷要求学生作一个边长是圆直径$8/9$的正方形，这样得到的正方形面积十分接近圆的面积。也正是由这道习题，我们了解到古埃及人所采用的圆周率是3.1605，而不是精确值3.141 59…。据说古希腊数学家阿那克萨戈拉在狱中研究过化圆为方，之后这个问题就流行开来，或者说臭名远扬了，至少足够让它被编进故事里了。在阿里斯托芬公元前414年的戏剧《鸟》中，一个叫麦顿的书呆子天文学家吹牛说解开了化圆为方的难题，后来人们用"化圆为方的人"来称呼那些异想天开的人。

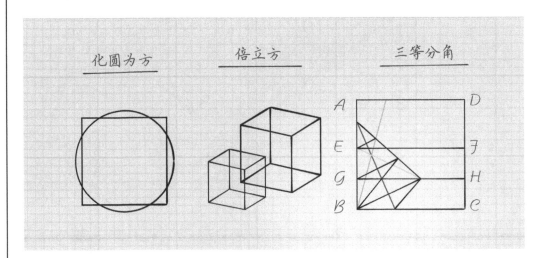

倍立方问题的意思是，给定一个立方体，作一个立方体，使其体积是前者的两倍。根据传说，这个问题起源于公元前430年的雅典，当时那里正遭受瘟疫。来自德尔斐的神谕说，如果想要取悦降下瘟疫的阿波罗，那么得洛斯的公民要建造一个新的祭坛，体积得是原有祭坛的两倍。这被柏拉图理解为，得洛斯的公民应当花更多时间思考几何学。在另一个版本的传说中，克诺索斯的国王弥诺斯下令把皇家陵墓的体积扩大一倍。然而工匠却犯了个典型错误，他们把边长增加了一倍（实际上陵墓的体积扩大了8倍）。

三等分角问题的意思是，给定一个角，再作一个角度为前者 $\frac{1}{3}$ 的角。对有些角度来说这个问题直接就能解开。比如说直角，只用尺规就能解决这个问题。只要作两个圆，再在其中作一个三角形（见右图）。然而，数学家们花了几千年时间试图找出能应对所

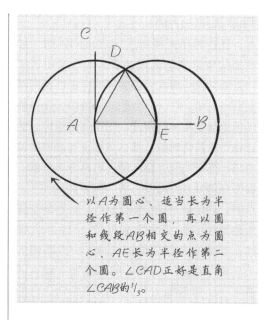

以A为圆心、适当长为半径作第一个圆，再以圆和线段AB相交的点为圆心、AE长为半径作第二个圆。∠CAD正好是直角∠CAB的 $\frac{1}{3}$。

有角的解法。直到19世纪，人们才发现三大经典问题都是无解的：不可能实现化圆为方、倍立方或是三等分角。

古希腊数字

古希腊人最初使用一种被称为雅典式的记数法，这种系统至少可以追溯到公元前7世纪。这是一种十进制的系统，类似于罗马记数法，有代表1、5、10、50、100和1000的符号。要表述一个数字就要不断重复这些符号，这样在进行乘除法计算时就会十分困难和费力。公元1世纪时，雅典式记数法被爱奥尼亚式的技术系统取代。新的系统使用了希腊字母，也就是说，这是一种密码系统。爱奥尼亚系统能够用几个字符就表示出很大的数字，但也使得各种算术计算变得棘手。有可能大多数计算实际上是在算盘上进行的（见第33页），爱奥尼亚数字只是用来记录结果。爱奥尼亚数字在欧洲一直使用到中世纪才被罗马数字取代，最终罗马数字又被阿拉伯数字取代（见第90页）。

值	1	2	3	4	5	10	20	21	50	100	500	1000
古希腊雅典式数字	I	II	III	IIII	Γ	Δ	ΔΔ	ΔΔI	Γ	H	Γ	X

阿基里斯与乌龟

在古希腊人纠结于倍立方问题时，埃利亚的哲学家芝诺用他著名的悖论引进了"无限"这一概念。最著名的悖论就是阿基里斯与乌龟。在一个设想的场景中，飞毛腿阿基里斯要和乌龟赛跑，出于体育精神，他让乌龟在前方起跑。那么阿基里斯能追上乌龟吗？芝诺的回答是不能，答案令人费解。假设乌龟从A点出发，等到阿基里斯跑到A点时，乌龟已经前进到了B点；等到阿基里斯跑到B点时，乌龟又前进了一段，如此继续。亚里士多德总结道："……只要慢的（乌龟）在跑，快的（阿基里斯）就永远追不上。想要追上乌龟就必须先到达它的出发点，而到那时乌龟又已经向前跑了一段了。"

芝诺的另一个悖论是二分法的悖论，可以用开门的例子来理解。要打开一扇门，那么首先得把门打开一半；要把门打开一半，得先把门打开$1/4$；要把门打开$1/4$，得先把门打开$1/8$……芝诺说这个悖论证明了你甚至无法开始打开门。另一种理解这个悖论的方法是不断平分你的起点与终点间的距离。尽管你会不断接近终点，但是却永远无法把你和终点的距离降为零。空间是无限可分的，而无限的细分部分加在一起无法等于整体。

柏拉图和他的立体

柏拉图是最著名也最具影响力的古希腊哲学家。他在数学史上有着极其重要的地位。这并不只是因为他在数学上的发现，更多的是因为他在数学教育方面的贡献。受毕达哥拉斯的启发，柏拉图相信几何学中蕴藏着现实世界潜藏的神圣真理。公元前387年，他在雅典建立了一座名叫"学院"的学校，门口竖着的牌子上写道："不要让一个不懂几何学的人进来。"数学是这所学校必修的核心课程，15年的学制里有10年的时间学生需要学习几何。学生们要学习平面几何、立体几何、天文学以及声学。柏拉图成了"数学家的制造者"，学院的毕业生中有许多后来成了伟大的古代数学家，包括欧多克索斯和欧几里得。

在数学圈内，柏拉图以他的立体研究成果著称。他发现了5种正多面体（各个面都是规则且相同的图形——都是正三角形、正方形等）。

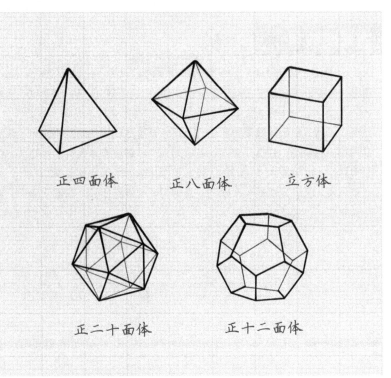

正四面体　　　正八面体　　　立方体

正二十面体　　　正十二面体

这些被称为柏拉图立体的图形成了柏拉图宇宙哲学的核心，他认为这5个立体就是组成宇宙的5种元素。

模范生

尼达斯的欧多克索斯（公元前408—公元前355年）是从柏拉图学院毕业的一位著名的数学家，但他和柏拉图几乎没有什么交集。欧多克索斯从阿契塔，后者正是毕达哥拉斯的门徒。而欧多克索斯最重要的一项成就是一种关于比例的理论，由这种理论发展出了无理数的概念。正是无理数一直困扰着毕达哥拉斯学派。根据英国科学传记作者G.L.赫胥黎所说：“不论怎样夸大其重要性都不过分。在毕达哥拉斯学派发现无理数之后，数论的研究就被迫停滞了。这一理论（指关于比例的理论）的出现，使得数论得以继续发展，数学的各个子学科也都受益匪浅。”

欧多克索斯还在积分学上有所突破，这是微积分（见第156页）的一种。他通过穷竭法来求曲线下方的面积。所谓“穷竭法”就是用连续的直线段来逼近曲线。穷竭法还被阿基米德用来估计圆周率的值，之后的数学家使用这种方法的时间超过2000年（见第49~50页）。欧多克索斯用这种早期的微积分来证明锥体的体积是其对应柱体体积的$\frac{1}{3}$。

证明与定理

古希腊人采用严格的证明，通过演绎逻辑，从一条定理或数学法则推导出另一条。这一数学遗产超越了他们的定理以及发现，把整个学科提高到了一个新的高度。演绎逻辑让人们可以证明有的事情一定为真，比如2+2=4，或是在直角三角形里，$a^2+b^2=c^2$。正是这种方法，加上一步步的推导，成就了下一位伟大的古希腊数学家欧几里得的不朽成就。

柏拉图立体构建的开普勒的宇宙学

德国天文学家约翰尼斯·开普勒（1571—1630年）因为算出了椭圆行星轨道并为哥白尼的日心说提供了数学证明而闻名。然而有一段时间，开普勒却试图证明完全不同的理论。他相信行星的运动轨迹是嵌套的球体或柏拉图立体（一个大球套着一个小球，又有更大的球套住这个大球，以此类推）。他相信毕达哥拉斯和柏拉图所说的，宇宙是由神圣比例定形的。不过，在1600年，开普勒搬到了布拉格，与伟大的丹麦天文学家第谷·布拉赫共事。在接触了布拉赫的观测资料以后，开普勒意识到他所谓的“多面体假设”与观测数据不符。于是他发明了一种全新的数学模型来解释行星轨道。这一成就收录在他的巨作《世界的和谐》中。在这本书的最后一章里他提出了著名的开普勒行星三定律。

约翰尼斯·开普勒和他的数学与天文工具。

实心体

线、多面体以及圆都是平面图形，它们存在于二维空间中。然而，现实世界却是三维的，有长度、高度以及宽度。这样的图形叫作空间图形或是实心体（这个名字可能会造成误解，比如一个盒子可能是空的）。

实心体的主要类型有多面体和非多面体，比如球体、圆柱和圆锥。一个多面体（polyhedron，源自希腊语）是由平面组成的，如果这些平面包含曲线，那么这个图形就不是多面体。实心体可以用二维图形在三维空间中移动得到。比如一个矩形在空间中水平移动就会得到一个长方体或者四棱柱。

多面体

每个面都相同的多面体叫作正多面体。柏拉图多面体都是凸正多面体（见第70页）。多面体包括了棱柱。棱柱是一种直的多面体，每个截面都相同。棱柱的对边都是平行的（构成平行四边形）。有一种特殊的棱柱，其所有面都是矩形，这叫作长方体。长方体

中有一种特例叫作正方棱柱，它有两个面是正方形。立方体（也叫正六面体）是一种特殊的正方棱柱。棱柱的体积等于底面积乘以棱柱的高。

球体与圆柱

球体是由圆围绕它的直径旋转得到的，所以球上每个点到球心的距离相等。球体是所有表面积相同的立体图形中体积最大的。换句话说，给定体积的情况下，立体图形中球体的表面积最小。这就是为什么自然界中充满了球状或者接近球状的东西，比如泡泡或是雨滴形成的时候。恒星和行星在重力的作用下也坍缩成球体。当一个力在各个方向均匀作用时，比如一团热气扩张时，就会形成球状。不过，通常会有其他的力破坏球体。比如典型的中等大小的雨滴在落地过程中因为受到空气阻力会变成压扁的球形，然而在太空中，它们是完美的球体。

圆柱类似于棱柱，只是有着曲线。圆柱的底部通常是圆形或椭圆形。要记住圆柱的公式，有个数学界当作笑话流传的小技巧。圆柱体积公式是底面圆面积乘以高度：$\pi \times r^2 \times h$。厚底比萨饼也是圆柱体。如果你用z表示它的底面半径，用a表示它的高度，那么公式就变成了π（即pi）$\times z \times z \times a$（pizza即"比萨"）。

欧拉公式

伟大的瑞士数学家莱昂哈德·欧拉（见第166页）发现，大多数普通多面体，其面的个数加上顶点的个数再减去边的条数总是2。这可以写成$F+V-E=2$。比如说，一个立方体有6个面，8个顶点，12条边，根据欧拉公式就有6+8-12=2。（不要把这个欧拉公式和他发明的另一个公式混淆。那一个公式也叫欧拉公式，不过是关于复数的。）

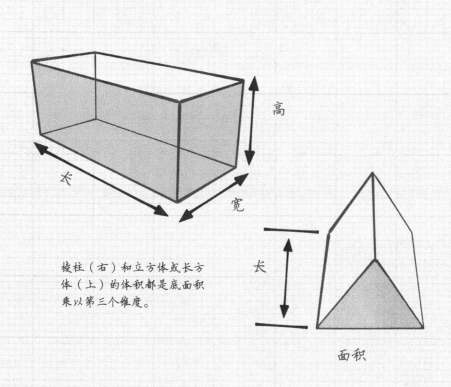

棱柱（右）和立方体或长方体（上）的体积都是底面积乘以第三个维度。

有很多可供挑选的公平的骰子，每一个面上有不同的数字。

公平的骰子

柏拉图多面体的形状非常适合做公平的骰子。所谓公平的骰子就是掷骰子时每一个面朝上的概率是相等的。最常见的是立方体骰子，不过其实任何凸正多面体都可以，有的游戏中会使用正四面体、正八面体、正十二面体或者正二十面体。

欧几里得与他的《几何原本》

公元前300年左右，一本名叫《几何原本》的几何学教科书在亚历山大港写就，作者是一个名叫欧几里得的人。这本书是西方世界被翻译次数最多、发行次数最多、同时学习人数也最多的图书，仅次于《圣经》。从1482年第一次印刷到20世纪，《几何原本》有超过1000个版本。

欧几里得是谁？

我们对欧几里得所知不多，不过一般认为他大约生于公元前325年，生活在托勒密一世统治下的亚历山大港，大约于公元前265年去世。关于他是否是《几何原本》的真正作者或是唯一作者目前仍有争论。有可能他只是一群学者的领导者，或者这个名字本来就是一群匿名学者的笔名。从另一方面来说，欧几里得的轶事组成了证据链，使得他的形象更为活灵活现。《几何原本》对外行人来说是出了名的晦涩难懂，连托勒密都花了不少精力才理解。古典时代晚期的希腊学者普罗克鲁斯说："据说托勒密曾经问欧几里得，比起《几何原本》，有没有学习几何学的捷径。欧几里得回答道，通往几何学的道路可没有皇家专用道。"似乎欧几里得作为一名老师，不像古往今来的其他学术大师那样缺乏嘲讽意识和幽默感。学者斯托贝斯讲了另一个故事："有人刚开始跟着欧几里得学几何，当学完第一条定理之后就问欧几里得，学这个有什么好处。欧几里得叫来他的奴隶，让奴隶给这人3块钱，因为他非得从他学到的东西里捞着好处。"

在《几何原本》中，欧几里得归纳了所有最新的古希腊数学发现和技巧，总结了毕达哥拉斯、柏拉图、欧多克索斯以及其他人的成果。尽管这本书中没有欧几里得本人的突破和发现，但书中严格的演绎和可靠的证明成为后世科学文本的楷模。诸如艾萨克·牛顿著名的《自然哲学的数学原理》（发表于1687年）正是《几何原本》的直接续作。此外，欧几里得书中引用的材料及其陈述方式都被认为是无法超越的，因此直到20世纪都仍然在使用。

《几何原本》

《几何原本》共有13册465个命题，涵盖了平面几何、立体几何和数论。英国博学家托马斯·希斯在1908年翻译了标准版《几何原本》。他说："这本美妙的书尽管有着种种小缺陷，但是考虑到成书的年代，那都是可以忽略不计的。毫无疑问，它将是有史以来最伟大的数学教科书……"

欧几里得首先设定了公设、定义和数学法则，这些被称为公理。公理是他一步步证明愈发复杂命题（从简单的三角形到复杂的柏拉图立体）的基石。

14世纪壁画中的一幅
欧几里得的画像。

托勒密二世与建筑
师们讨论亚历山大
图书馆的方案。

亚历山大港与托勒密王朝

在欧几里得的时代，亚历山大大帝（约公元前330年）刚刚征服了埃及，建立了亚历山大港。亚历山大的统治标志着由古希腊时代转向希腊时代。希腊时代包含了更多种族、更多文化背景的平民。希腊文化包含了一切，从希腊在马赛的殖民地到亚历山大大帝在中亚最远的据点。它以大都市亚历山大港为中心，这里坐落着亚历山大图书馆（见第23页），它也是西方世界智慧的源泉。

亚历山大大帝在亚历山大港描画了版图后便继续东征，中道崩殂。他手下的将军托勒密接管了埃及，一手将亚历山大港打造成世界上最伟大的城市。托勒密一世建立了以他的名字命名的王朝，统治埃及长达300年。直到托勒密王朝的最后一代传人克娄巴特拉女王时，统治权才落到了罗马人手里。

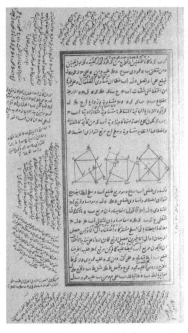

一本欧几里得著作的中世纪
伊斯兰译本及评注节选。

欧几里得的其他著作

除了《几何原本》之外，欧几里得还著有其他一些书，包括现存的4部作品：《已知数》（几何学）、《圆形的分割》（关于比例）、《光学》以及《现象》（数理天文学）。遗失的著作包括《音乐原本》以及《谬误》。古希腊哲学家普罗克鲁斯对《谬误》评价道："……列举出了各种谬误，在每个例子中利用各种定理，锻炼了我们的心智。将真与伪放在一起比较，用实践的例子阐明了反驳的道理。"

《几何原本》的导言部分以它的5条几何公设而著称。前3条是基础假设，这样的基础假设为几何学奠定了基础。举例来说，第1条公设说的是过两点能作且只能作一条直线。第4条公设是说所有的直角都相等。这一条比它看上去要深奥得多。它蕴含着这样一层深意：几何图形在哪里并不重要，同样的规则适用于空间中的任何地方，与位置无关。用术语来说就是，空间是同质的。

第5条公设最为出名。它又叫平行公设，即给定一条直线，通过此直线外的任何一点，有且只有一条直线与之平行。换种说法就是两条平行线永远不会相交。这其中也暗藏了对空间的定义，这就带来了"欧氏几何"这个概念。事实上，还有一种"非欧几何"，在这种几何里，平行公设不成立。典型例子就是地球上的经线，尽管它们在赤道上平行，但是会在极点相交。

在设定了基本条款之后，欧几里得继续在前6册中讨论平面几何：第1册和第2册给出了三角形、平行线以及矩形的基本性质，第3册和第4册讨论圆，第5册和第6册讨论了欧多克索斯关于比例和无理数的发现。第7册到第10册是关于数论的。第11册到第13册讨论的则是三维几何，利用了欧多克索斯的穷竭法，并且证明了有且只有5种柏拉图立体（见第70~71页）。

最早的印刷版《几何原本》中的一页。

适者生存

　　《几何原本》不仅是古代流传下来的最著名的数学文本，也是唯一一部流传下来的数学著作。古典著作"存活率"如此低下，主要还是因为古希腊文本多半写就于纸莎草纸上，而纸莎草纸的使用寿命很短。除非保存在非常干燥的环境里，否则纸莎草纸很难保存数十年。此外它们还非常脆弱，会因为使用而磨损，所以一份文本越是受欢迎，磨损得也就越快。文本的保存主要靠誊写，费财费力，有可能《几何原本》的幸存造成了更古老文本的失落。欧几里得的著作被认为完全超越了更早的著作，除非出于兴趣，否则不会有人誊写和保存这些古老的著作。再考虑到纸莎草纸那么昂贵，这些古老的著作几乎不可能保存下来。

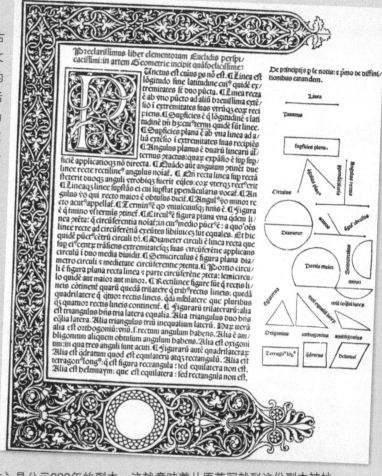

　　现存最古老的《几何原本》是公元888年的副本，这就意味着从原著写就到这份副本被抄录的时间比这份副本流传至今的时间还要长。有一些与《几何原本》相关的残片历史更久远，如埃及尼罗河大象岛上发现的6块陶片，可以追溯到公元前225年；在古埃及垃圾堆里发现的纸莎草纸残片可以追溯到公元前100年。两者都记录有欧几里得命题的图形。西方世界是从阿拉伯世界了解到《几何原本》的，中世纪的阿拉伯作者在希腊可能至少有机会接触到一份完整的《几何原本》。现如今人们已无法说清《几何原本》从最初的版本到1482年印刷重生，中间经历了多少传承。

阿基米德

锡拉丘兹的阿基米德（公元前287—公元前212年）被公认为"希腊时代甚至是古代最伟大的数学家"。上述引语来自美国数学史家德克·斯特罗伊克。阿基米德也是我们最为了解的古代数学家，有可能是因为在他生活的年代，罗马帝国正逐渐成为世界强权。

从罗马帝国时代起，阿基米德就被认为是半传奇的疯狂发明家。他发明了奇奇怪怪的武器，还赤裸着身体从浴缸里跳出来，沿着大街边跑边喊"尤里卡"。他还有许多趣事，并因为以上种种而闻名于世。他还发明了阿基米德螺旋提水器（一种古代水泵），烧毁了战船的聚光镜以及摧毁了战船的巨大爪子。这些传闻不论是否属实，都说明阿基米德将他纯数学的知识通过发明与巧思运用在了机械领域，而这一领域正是数学的实用所在。

尤里卡！

有关阿基米德的传闻中，最著名的也许是发现浮力原理。据罗马作家维特鲁威所说，阿基米德与锡拉丘兹国王希罗是好友。希罗怀疑金匠想用银子充数制造本应是纯金的王冠。阿基米德知道，如果王冠真的混入了作假的成分，又要保持原有的质量，那么它的密度就会减小，而体积就会增大。但是没有什么办法能计算如此复杂形状的体积。

据说他在洗澡时想到了解法。他注意到入浴时水从浴缸里溢了出来，意识到溢出来的水的体积等于他身体所占的体积，这正是浮力原理。这下有了计算王冠准确体积的方法了。他跳出浴缸，大喊着"尤里卡"（意为"我知道了"），赤裸着身子沿着大街蹦跳。

18世纪时对古代锡拉丘兹的想象图。

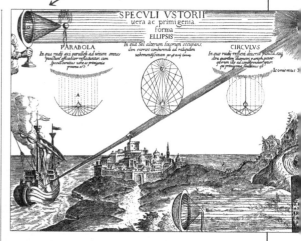

根据传说，阿基米德把和王冠等重的金子放入碗中，再加水至碗的边缘，然后取出金子，再将王冠放入水中。水溢了出来，说明王冠掺了假，金匠也受到了应有的惩罚。伽利略之后的评注者指出，实际上两者排出的水的体积之差小到几乎无法注意到。然而，由于阿基米德流传下来的著作显示，他对浮力科学有着深入的认识，所以他可能想出了更可信的方法，首先把王冠与等重的金子放在天平两端，再将二者同时放入水中，由于王冠的体积较大，所以受到更大的浮力，因此会比金子浮起得更高一些。

战船巨爪与死亡射线

尽管阿基米德曾经游历到埃及以及其他地方，但他对锡拉丘兹一直怀着一颗赤子之心。当锡拉丘兹在公元前212年被罗马人围攻时，他用他的智慧建造出威力巨大的武器来保卫他的家乡。据罗马作家普鲁塔克记载，这些武器包括起鹤一样的反舰武器，利用杠杆和配重来驱动："（有的船）被一只铁手或是被鸟一样的机械啄抓到天上。船首上翘、船尾下沉时，就会沉入海底。其他的船被推向峭壁，船上的士兵伤亡惨重。"

传说，阿基米德还利用他的光学知识，制造了碗状的反射镜，能在远处将阳光聚焦于一点，像激光一样点燃来犯的战船。然而，就算以现今的反射镜技术，这种壮举也是不可能实现的。

杠杆与滑轮

阿基米德在机械方面的天赋更多地体现在杠杆原理的发现上。杠杆能将较小的力在长距离上做的功（从技术上来说就是力对物体作用的空间的累积效应的物理量）转化为较大的力在短距离上做的功。阿基米德有句名言："给我一个支点和足够长的杠杆，我可以撬起地球。"在普鲁塔克讲述的另一个故事里，阿基米德通过一组滑轮，仅凭一人之力就拖动了船队里最重的战船，令希罗国王大开眼界。

阿基米德螺旋提水器

传说阿基米德年轻时住在埃及。他确实可能在亚历山大港学习过，不过说他发明了阿基米德螺旋提水器就不太可信了。这种提水器由一根管子和内藏的一根木质螺杆组成。管子的下端置于水中，螺杆旋转，水就被汲取到了顶端。实际上这种设备可能非常古老，远远早于阿基米德所处的时代——据说这种设备被用来给巴比伦的空中花园供水。

阿基米德的数学成就

阿基米德的诸多传奇故事掩盖了他在数学方面的成就。他在对球体和圆柱体的研究上取得了巨大成就。他求出了当时最精确的圆周率，并掌握了我们今天所知的积分学，以此计算出曲线下方的面积（进一步可以求出体积）。

阿基米德没有发展出牛顿和莱布尼兹（见第156页）那样的完整微积分学。他采用了一种被更早期的数学家出于哲学原因放弃的策略，通过把曲线下方的面积想象成无限细小的矩形，之后证明这个近似的结果就是实际结果，因为两者的差可以用有限的

逝世与下葬

普鲁塔克讲述了在锡拉丘兹沦陷后，阿基米德死于罗马士兵之手的故事："事有凑巧，阿基米德正在研究关于直径的某个问题。他的目光和心神都完全集中在他的研究对象上。他没有注意到罗马人的入侵，也没注意到城市已经沦陷。正当他全神贯注研究时，一个罗马士兵突然出现，命令阿基米德跟他走。阿基米德拒绝了这一要求，因为他还没想出眼前问题的证明。罗马士兵被激怒了，拔出剑来砍死了阿基米德。"

伟大的数学家在遗言中对他的坟墓设计作出了指示，他希望能在墓碑上展现出他人生中最伟大的成就：圆柱与其内接的球体，二者的体积比为3∶2。罗马学者与政治家西塞罗在公元前75年（阿基米德逝世137年后）被派往西西里岛，他试图寻找这位伟人的安息之地。"锡拉丘兹人对此一无所知，当然也否认有这样的地方存在。然而它就在那里，完全被灌木和荆棘所覆盖包围。"他写道。他解释道，他想起这个故事是因为陵墓特别的设计，能够看出"灌木之上有一根柱子，其上有一个球体和一个圆柱体"。

阿基米德之死（上图）与现今他的坟墓（下图）。

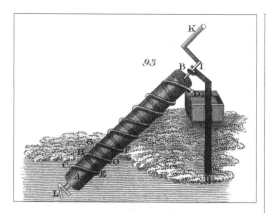

尽管被称作阿基米德螺旋提水器，但是这种提水器其实早在阿基米德之前几个世纪就开始使用了。

一幅16世纪的版画，上面的阿基米德正在设计锡拉丘兹的防御工事。

方式计算出来。通过证明他的估算与已知图形的实际面积相比既不大也不小，阿基米德也就证明了两者必然相等。这一严格证明将估算值转化成了精确值，使得阿基米德能够计算曲线下方的面积或是曲线下方的体积。

阿基米德还写了两部专著，一部是关于杠杆的，另一部则是关于镜面反射的。此外，他还著有一本关于漂浮物体的书，开创了流体静力学。他也有关于天文学的著作。他预言了日心说的宇宙模型，描述了一种计算太阳直径的方法，并建造了一个天球仪和一个天象仪。这两样天文仪器之后被带往罗马。他将纯数学尤其是积分学与自然哲学（现在我们称之为物理学）结合的能力，对1800年之后的科学革命至关重要。

他的行文风格和他的科学成果一样令后继数学家们印象深刻。他的著述简洁又充满悬念，开始时证明许多看上去不相关的结果，到最后才揭晓如何将这些结果整合在一起，得出令人吃惊却又无法反驳的结果。据《牛津古典词典》所述："这种将最大惊喜与绝对确定结合在一起的做法使他成为古代最伟大的数学思想者。"

《数沙者》

阿基米德的《数沙者》被认为可能是历史上第一部研究论文。他在其中采用了一种记数法，可以表示出当时能想到的最大的数字，这体现了他在计算方面的爱好。他大胆地尝试计算需要多少粒沙子才能填满宇宙，设计了一种新的数字叫作"myriad"（10 000），并且以"myriad myriad"（10 000×10 000=100 000 000）为底来表示这巨大的计算结果。最终得出的结论是 8×10^{63}（8后面跟着63个0）。

埃拉托色尼：
测量地球的图书管理员

昔兰尼的埃拉托色尼（公元前276—公元前194年）是与阿基米德同时代的人。他是亚历山大港缪斯神庙的图书管理员（相当于大图书馆的馆长）。现如今，他以数学和地理学方面的成就著称。他最为人所熟知的成就是估算出了地球的周长，仅仅用了一根棍子和一点儿地理学的知识。

正午的影子

作为一名地理学家，埃拉托色尼制作出了已知世界的地图，并对埃及的地理尤为了解。他的专业知识使他了解到亚历山大港南边的赛伊尼（今天的阿斯旺）非常靠近北回归线。在北回归线这个维度上，每到夏至日中午，太阳就会直射大地，这一天也是一年中白昼最长的日子。这就意味着这一天中午，井底都不会有阴影，地面上的棍子也不会有影子。埃拉托色尼知道，在同一天的亚历山大港，地面上的棍子是会留下影子的，他可以利用这一事实来计算地球的周长。

他首先由欧几里得《几何原本》中第13册的第19命题开始："如果一条直线与一个圆相切，那么过切点作一条与切线垂直的直线，会经过圆的圆心。"切线就是与圆相交但是却不会穿过圆的直线，在欧几里得的命题中，与切线垂直的那条直线（也叫作垂线）会经过圆的圆心。在埃拉托色尼的问题中，插在亚历山大港地面上的那根棍子就是垂直于地球表面切线的垂线。如果你向下延长这根棍子，它是会经过地心的。在赛伊尼可以做一条类似的垂线，同样也会经过地心。如果把亚历山大港记为点A，地心记为点B，赛伊尼记为

点C，我们可以看出两条直线从圆上切割出了一段圆弧$\overset{\frown}{AC}$（见下页图1）。如果我们能求出图1中这段圆弧对应的角度$x°$，同时知道亚历山大港与赛伊尼之间的距离（圆弧$\overset{\frown}{AC}$的长度），我们就可以求出每1°在地球圆周上对应的长度。再用这个长度乘以360°，我们就求出了地球的周长。

为了求出$x°$，埃拉托色尼利用了《几何原本》中的另一个命题（第1册第29命题）："两直线平行，内错角相等。"照射在地球上的日光可以近似看作平行线。所以照射在亚历山大港棍子上的日光的角度（影子的角度，也叫作顶角），也即下页图2中的A角，与B角应当是内错角。根据第1册第29命题，平行线之间的内错角应当相等。所以埃拉托色尼只要求出影子对应的角度，就求出了亚历山大港与赛伊尼中间这段弧长对应的角度。

现如今，你可以利用简单的三角学知识（见第103页）求出这个角度，只要量出棍子和影子的长度就可以了。不过埃拉托色尼可能用仰仪（一种半圆状的日晷）直接测出了这个角度。

埃拉托色尼测出的结果是7°，大约是地球周长的$\frac{1}{50}$。埃拉托色尼知道亚历山大

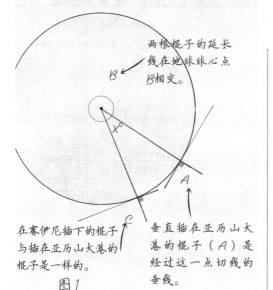

两根棍子的延长线在地球球心点B相交。

在赛伊尼插下的棍子与插在亚历山大港的棍子是一样的。

垂直插在亚历山大港的棍子（A）是经过这一点切线的垂线。

图1

港和赛伊尼之间的距离是5000斯塔德（一种古代的长度单位），所以地球的周长就是50×5000=250 000斯塔德。要想知道这个答案与现今的结果有多接近，必须知道埃拉托色尼的1斯塔德是多长，这也正是争论的焦点所在，因为当时有多个版本的斯塔德同时在使用。然而，通常认为埃拉托色尼计算的地球周长在39 690千米到46 620千米之间。现今测量的地球周长在极点附近是40 008千米，赤道上是40 075千米。埃拉托色尼的计算结果差得不多。

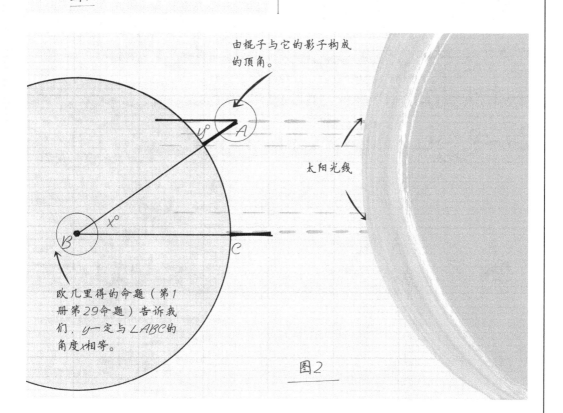

由棍子与它的影子构成的顶角。

太阳光线

欧几里得的命题（第1册第29命题）告诉我们，y一定与$\angle ABC$的角度x相等。

图2

طاكح فنصل دح خطا واجرّ الكوز زاويتي
دحا ... وكذلك م اط ... ودح من اك موازيا
لد فيقع داخل المثلث لان زاوية دم اكبر من قائمة فتكون
زاوية م اقل من زاوية م دح القائمة ونقطه لا محاله
علي م وينقسم به مربع م ه الى سطح م ل دح ونصل
اد فلان في مثلثي ح جزء ... اد ضلع ح م
وزاوية دح مساوية لضلعي ا... د زاوية ا د
يكون المثلثان متساويين مثلث ح مساوي نصف مربع
لكونهما على قاعدة
ح م من متوازي جح
ح وكذلك مثلث ا د
يساوي نصف سطح م ا
لكونهما على قاعد م د
من متوازي م كد اك
فمربع رح يساوي
سطح اك م ... اللساوي نصفيهما ومثل ذلك تبين ان مربع طح يساوي
سطح جح اك فاذا مربع م ح يساوي مربعي اح اك وذلك ما اردناه

中世纪的数学

古典文明的崩塌拖累西方数学的发展长达数个世纪，不过其他文明却仍在取得进展。印度文明是其中最强大的文明之一，中世纪的印度数学家掌握了诸如负数、零以及无穷这样的概念，而西方世界在这之后几个世纪都没能掌握。中世纪伊斯兰学者的工作则是将这些发现与古典研究的精华结合起来，令数学达到了新的高度。他们发展了三角学和代数学，利用印度人的模型创造出了我们今天使用的数字系统。到12世纪时，这些成就开始流传到欧洲。在欧洲，伊斯兰－印度数字系统以及其他成果逐渐流传开来，演变成了会计学，最终成了学院派数学。

中世纪印度数学

罗马人征服了地中海地区并且终结了希腊时代，而西方世界的数学运用也逐渐衰落。尽管亚历山大港在罗马时期继续涌现出重要的数学家，比如丢番图（约公元200—约284年）以及帕普斯（约公元290—约350年），但是直到13世纪左右的中世纪，欧洲数学才取得重大进展。然而，在中世纪的印度却掀起了一股数学传统热，其根源可追溯到青铜时代（见第30页）。

黄金时代

印度和佛家的典籍里，提出了算术规则、极大数字、无穷的概念以及复杂的几何学。以此为坚实的基础，印度数学从5世纪到12世纪经历了一段黄金时代。印度数学家在此期间的许多发现，包括微积分学（见第156页），在之后又被西方数学家独立发现。

这段黄金时代里最广为人知的是数字系统，也就是今天的印度-阿拉伯数字（见第90页），它起源于古印度的文章。在此期间，印度学者还在代数学和几何学上取得了突破，此外在研究无穷概念的处理、负数以及零（见第92页）的概念上有所进展。

阿耶波多

阿耶波多（476—550年）是一名数学家和天文学家，他为印度北部的古普塔帝国效力，可能出生于现在的巴特那。他以他的《阿耶波多文集》著称，这是一本写于公元500年左右（他当时才24岁）的天文学文集。这本文集包括了当时印度数学的所有成果。它涵盖了算术和代数学，涉及相当复杂的线性等式（就是变量的最高次数为1的等式，例如$ax+by+c=0$）与二次等式（就是变量的最高次数为2的等式，例如$ax^2+by+c=0$）。阿耶波多还给出了一种等式的解法，叫作"粉碎法"，利用的是反复的除法。

《阿耶波多文集》中最著名的文章是阿耶波多对圆周率的估计以及他的三角学。他在谈到我们现在所说的圆周率时写道："4加上100再乘以8，然后再加上62 000。得到的结果大约是直径为两万的圆的周长。这样一来就确定了圆周长与圆直径的关系。"根据这种算法，可以得到圆周率为$^{62\,832}/_{20\,000}$=3.141 6。这个结果精确到小数点后4位，并且在之后的几个世纪里一直是最精确的结果。或许更有意义的是，阿耶波多认识到只能去估计圆周率，换句话说他意识到圆周率是个无理数。这一点在欧洲直到1761年才由瑞士数学家约翰·海因里希·兰伯特（1728—1777年）认识到。

在三角学方面，阿耶波多显然是第一个提出正弦值的人（古希腊时代用圆的弦来表示相同的概念）。他用单词"jya"来表示sin（sin是现代数学中正弦的符号），并且计算得出了正弦函数的表格以及其他三角函数（见第102页）。

阿耶波多的天文学研究成果

阿耶波多研究的着眼点在天文学，他取得的成就超前于那个时代数个世纪。利用他估计出的圆周率，他能够估计出地球的周长是39 736千米，只比现代测量结果少了0.86%（在赤道处是40 075千米）。与当时的主流观点不同，阿耶波多认为，天空只是看上去在旋转，事实上是地球绕着自己的轴在旋转。这一观点实在是太超前了，以至于后来有些评论家认为这是错的。他计算出其他行星围绕太阳旋转的半径，甚至似乎意识到了这些轨道是椭圆形的。这领先于德国天文学家开普勒的行星三定律1000年。阿耶波多还正确解释了月球的原理（它是在反射太阳的光芒），并且解释了月食的成因。最后，他还估算出一年时间的长短，与现代的误差仅有15分钟。

毫无意外的是，阿耶波多受到之后印度数学家的极大推崇。在他去世一个世纪以后，学者巴斯卡拉写道："阿耶波多是一位大师。他到达了数学之海的最远海岸并潜到了最深处，将数学（包括球面几何学）与运动学交给了文明世界。"

婆罗摩笈多

中世纪最重要的印度数学家或许要属婆罗摩笈多（598—670年）了。他在现在印度西北部的拉贾斯坦从事研究工作，当时那儿是古吉拉王国的一部分，之后他又前往乌贾城的天文台工作。在628年，他完成了他的主要著作《婆罗摩修正体系》（意思是"宇宙的开创"）。这本书影响深远，一路

婆罗摩笈多揭示了天文学中的一些奥秘。

流传到阿拔斯王朝的首都巴格达，并被翻译为阿拉伯文。这使得婆罗摩笈多的成果促进了伊斯兰以及之后的欧洲的数学发展。

婆罗摩笈多得出了求平方、求立方、求平方根和求立方根的方法，他还得出了求分式的办法。他求解了类似$ax^2+c=y^2$这样的方程，并且认识到未知数可能存在多对解。数学家尤其赞赏他对等式$61x^2+1=y^2$给出的解，其中最小的解是$x=226\ 153\ 980$，$y=1\ 766\ 317\ 049$。

婆罗摩笈多最著名的成就是他在零（见第92页）和负数概念方面的研究工作，以及利用我们今天所知的位值制系统进行计算。

他得出了一种长整数相乘的算法，称作"类似于牛撒尿轨迹"的解法。比如说，要求321×456，可以写成下面这样：

```
3×      456
2×      456
1×      456
```

然后把每个乘法计算的结果错开写，让数字对应正确的数位，最后求和得到答案：

```
3      456
2      456
1      456
─────────────
    1368--
     912-
      456
─────────────
```

146376

这种算法如今看起来像是绕了个远路求出了一个简单乘法的结果，不过它显示出当时的数学家已经认识到了位值制系统的威力。

负数

和早期大多数算术一样，婆罗摩笈多侧重于数学的应用方面，比如处理借贷钱款的事务、计算贷款的利率。比如他提出的一个经典问题是："500元被以未知的利率借出。这笔借款在4个月里所产生的利息，被以同样的利息借出10个月，得到了78元利息。求利率。"

对债务的讨论帮助婆罗摩笈多阐明了负数的概念。早期的数学家，比如古埃及和古希腊的数学家，倾向于贬低负数概念，甚至否认它的存在。对他们来说，3-4这样的运算毫无意义。婆罗摩笈多认识到这一运

现如今巴特那城里华氏城宫殿的遗址。这个城市建成时是恒河流域的一座小堡垒。到3世纪时，它成了世界上最大的城市，从3世纪到6世纪一直是古普塔帝国的首都。

算的结果是一个有效的数字，在计算中可以利用。此外他还意识到，二次方程的解可以是正的，也可以是负的。比如二次方程$x^2=4$，x可以是2或者-2。他把负数称为"债务"，正数称为"财富"，列出了如下的负数计算法则。

债务减去零还是债务（$-x-0=-x$）。

财富减去零还是财富（$x-0=x$）。

零减去债务是财富[（$0-(-x)=x$）]。

零减去财富是债务（$0-x=-x$）。

债务乘以债务是财富[（$-x$）×（$-y$）$=z$]。

债务乘以财富是债务[（$-x$）×$y=-z$]。

现如今的乌贾城，
位于中央邦。

财富乘以债务是债务[$x \times (-y) = -z$]。

喀拉拉学派

14世纪时，一个天文数学家的学派)活跃在印度南部地区喀拉拉。喀拉拉学派在处理无穷小量的问题上取得很大进展。无穷小量就是小到接近0的量。比如说，麦德哈瓦发现圆周率可以用无穷个分数相加减的结果来表示：$\pi = 4 - \frac{4}{3} + \frac{4}{5} - \frac{4}{7} + \frac{4}{9} \cdots \frac{4}{无穷}$。欧洲直到两个世纪之后才由德国数学家与哲学家莱布尼茨发现了这个等式。事实上，喀拉拉学派还发现了微积分学的早期形式，领先于艾萨克·牛顿和莱布尼茨（见第156页）。关于印度数学与欧洲数学可能存在直接联系这一说法一直存在着争论。有人甚至认为费马和莱布尼茨以及其他近代数学家的成果是因为他们熟悉印度数学家的工作成果，有可能是印度南部科钦的耶稣会士传过来的。按照这种说法，西方的一些伟大的数学成就实际上发源于印度。

印度–阿拉伯数字系统

由于太过熟悉现在使用的数字，我们已经无法分析它了。它结合了使用印度数字符号的十进制记数法和位值制（见第19页）。这一结合使得整个系统既简洁又极具力量，方便计算，且可以简单地表示很大或者很小的数字。

数字符号的起源

　　我们现在使用的数字（1、2、3、4、5、6、7、8和9）起源于婆罗米语，这是1世纪时印度文化所使用的文字。然而，这种文字还有更古老的祖先。最早的例子是数字1、4、6，它们出现在记录孔雀王朝君主阿育王的文本中。阿育王在公元前304年到公元前232年统治印度次大陆。数字2、7、9最早出现在公元前2世纪的碑文中；3和5最早出现在纳西克的洞窟中，是公元1世纪到2世纪之间留下的。婆罗米语的数字和我们今天使用的数字已经非常相近，可以辨认出来。数字1就是一笔，这在历史上的许多文化中都是这样（例如汉字"一"就是水平的一笔），2和3则是相应的水平的两笔或者三笔草书的形式。

　　然而，婆罗米语使用的是密码系统（见第19页），在表示10、20、100以及其他数字时需要专门的符号。将它们与位值制系统结合起来是一项革命性的突破，而关于这种结合的起源却是众说纷纭。根据美国数学史家德克·斯特罗伊克所说的，第一个例证来自595年的一块印度石板，上面用位值制系统写着数字346。也有人说阿耶波多是第一个发明这种系统的人。

The Arabic Ciphers.					
European.		Gobar.	Indian.		
14th cent.	12th c.	(Arab.).	10th c.	5th c.	1st c.

现代欧洲数字与其中世纪的根源——阿拉伯数字和印度数字的对比。

还有一种说法是458年耆那教的宇宙学文章中第一次使用了十进制数字。到662年时，位值制系统已经广为人知。居住在叙利亚北部的基督教主教西弗勒斯·赛博科特也注意到了这种系统，他写道："我可以忽略所有关于印度数学的讨论。印度人在天文学上的发现远胜过希腊人和巴比伦人。他们的计算方法极富价值，已非文字所能描述。他们只用9个数字就能完成计算。如果有人认为，只因为自己说着希腊语，就掌握了科学的极限，那他真该好好读读印度文献。迟早这会令他信服，世界上还有别人了解有价值的知识。"赛博科特只提到了9个数字，说明他还不知道0的存在。

传入西方

尽管赛博科特已经了解到了印度数字，但是从他的文章可以看出对此有所了解的人并不多。印度数字通过伊斯兰世界才为西方所知。根据12世纪阿拉伯的科学史学者伊本·阿尔-齐弗提的《科学家年表》记载，766年，一位印度学者把一本《婆罗摩修正体系》带到了阿拔斯王朝哈里发阿尔-曼苏尔的图书馆里。这位哈里发刚刚把伊斯兰帝国的都城迁到巴格达，并建立了他的"智慧宫"。婆罗摩笈多的这本著作包含了使用十进位值制记数法的说明（见第19页）。然而，这本书的阿拉伯译本似乎没有产生什么太大影响。直到9世纪阿拔斯王朝第七任哈里发阿尔-马蒙统治时，哲学家阿尔-辛迪和数学家阿尔-花剌子米（见第104页）的著作才让阿拉伯学者改用了新的系统。

即使到了那个时候，伊斯兰世界采用新数字的进程还是很慢。东部和西部使用不同的版本，最终西部阿拉伯的版本流传到了欧洲。它是在12世纪时随着阿尔-辛迪和阿尔-花剌子米的著作被翻译成拉丁语才流传到西方的。此时，在欧洲社会使用罗马数字是受到保护的，而使用印度-阿拉伯数字则会受到怀疑。伟大的意大利数学家，比萨城的莱昂纳多，或者更出名的叫法是斐波那契（见第116页），在他1202年的著作《计算之书》中表达了他对这种系统的热衷。他写道："只要这9个数字，再加上一个符号0，就可以写出所有的数字。"尽管他大力推广印度-阿拉伯数字，罗马数字直到7个世纪之后才退出历史舞台。正如比利时史学家乔治·萨顿所言："有一个小例子可以证明印度数字融入西方社会有多么缓慢。直到18世纪时法国国家审计署还在使用罗马数字。"

有一种有趣的方法可以帮助记忆印度-阿拉伯数字，就是将数字和它们直线字体中角的数目联系起来。数一数下面数字中的角，你就会发现它们和数字是对应的。同样的规律也适用于0，它没有任何角。

没有角

将印度-阿拉伯数字与它们的形状联系起来的系统

零的简史

现如今，零似乎和其他数字一样常见。奇妙的是，就连零的概念也是在相当近的时间里才为人所熟知。至于"零"这个术语以及现代的符号，则只有不到400年的历史。

空位

零有两个重要的作用：一个是作为数字表示没有，另一个是在位值制系统里占据空位。前者花了相当长的时间才演化出来。可能是因为对于以现实世界为基础的数学来说，这在理念上是一个相当大的挑战。讨论数目为零的牛群或是面积为零的地区都是没有意义的。后者对于我们的位值制系统则是不可或缺的，比如说，没有零的时候我们就无法区分21、201或者210。不过古巴比伦人在长达1000年的时间里都没有使用表示零的符号，仅仅依靠上下文来暗示这些数字的区别。这是因为他们使用的是六十进制系统（见第35~36页）。这个系统在写到60之前都不需要用到零，而在3600以内只有59次用到零。

第一个在位值制中强调占位符重要性的系统创建于公元前300年左右。塞琉西王朝的古巴比伦文本中，使用了两个相对的楔子形的符号。更早的例子则要追溯到公元前700年左右，当时的人们使用了别的符号。然而，上面这些例子中，占位符都没有用在数字的末尾，所以像21和210这样的数字就无法区分，又得靠上下文来区分这样的数字。

古希腊人对这样的占位符几乎没有需求，因为他们的数学主要基于几何学，数量是通过线段和线段的比例来表示的。唯一的例外在天文学中，符号O和零联系在了一起，并被用作占位符。亚历山大港极具影响力的天文

虽然现在零已经无处不在，但是其历史并不久远。

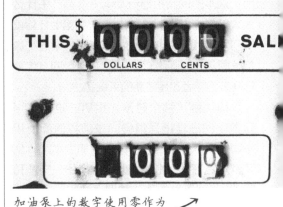

加油泵上的数字使用零作为占位符。

英语单词zero来自阿拉伯语的"sifr"，意为"无"，而"sifr"这个词则是来自印度语的"sunya"，意为"虚无"。在阿拉伯文章的拉丁语译本中，"sifr"变成了"zephirum"，最终演变成了"zero"。"sifr"同时也是英语单词"cipher"的词根，意为"符号"，尤其指加密的符号。

学家托勒密，在他2世纪的论文《至大论》中使用了一个零作为占位符，甚至在数字的末尾也使用了它，但这一做法却后继无人。

源自虚无

把零作为一个数字使用的做法源自印度，并且与印度宇宙学中虚无的概念有关。最早的样例使用的可能是一个点，源自吉祥痣，表示一个空的占位符。直到7世纪时在婆罗摩笈多的著作中，零才首次作为一个数字出现。婆罗摩笈多为零的使用定下了基本的算术规则：1+0=1，1-0=1，1×0=0。不过就连婆罗摩笈多也为零作为除数的情况所困扰。12世纪的印度数学家婆什伽罗第二认为，1除以零应当等于无穷。不过现代数学家不同意，现在任何数除以零都被认为是无意义的。0这个用来表示零的符号似乎也起源于印度。最早的例证是876年在瓜里尔的一块石板上，一个小小的"o"被用作数字中的占位符。

伊斯兰数学家继承了印度数字零，但是却没能在代数中用上它，他们认为它的地位与其他数字不能比。与此相似的是，斐波那契（见第116页）在他的《计算之书》中也把零看作一个符号而不是一个数字。直到17世纪时，法国数学家阿尔伯特·吉拉尔（1595—1632年）才把零作为一个代数问题的有效解。

玛雅人的零

玛雅人在欧亚文明的中心之外独自发展出他们的记数法。到公元665年时，他们拥有了二十进制的位值制系统。这个系统只需要3个符号：点代表1，横线代表5，贝壳符号代表0。

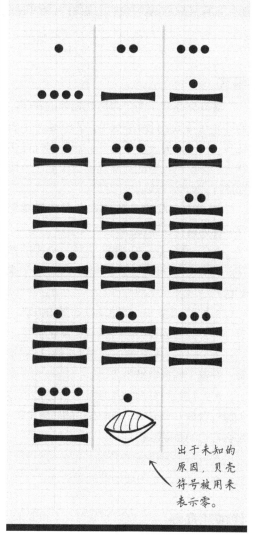

出于未知的原因，贝壳符号被用来表示零。

引入代数学

代数是数学谜题的主要出题形式，它用字母代替数字来创造等式。等式就像是天平：两边必须平衡。这一特点可以用来解开数学谜题或是求出未知量——如果你知道平衡的天平一边是多少，那么根据定义，你也就知道另一边是多少了。

等式

等式就是表示两个表达式相等的式子。例如，在等式2+3=3+2中，2+3是一个表达式，3+2是另一个表达式。用字母代替数字之后可以用代数的方法写出这个式子，比如这样：$x+y=y+x$。

等式中不同的元素有着不同的专属名字，比如说，在等式$2x+5=9$中：

- x是变量——通常这是个未知的数字，求解这个等式的目的就是求出这个未知数；
- 2是系数——这是乘以变量的数字；
- 5和9是常数——它们是已知的数字；
- +是运算符——它表明要进行的运算，在这个例子中是加法；
- =表示式子两边相等——它告诉我们等式就像一个天平，如果右边的质量是9，那么左边的质量也是9；
- $2x$、5和9被称作项；
- $(2x+5)$是由项组成的表达式。

代数和几何

我们现在所熟悉的代数使用字母来代表变量，被称为符号代数。这是相对比较新的学科，只有大约400年的历史。古代数学家也进行代数运算，不过他们那时候的代数不是今天意义上的代数。他们那时候的代数只不过是几何学的一个分支，只是有着未知量的几何问题。比如说，如果你知道一块矩形区域的面积是12个单位，其中一条边的长度是4个单位，那么要求出另一条边的长度是很容易的。因为你知道未知边长乘以4等于面积12，或者说未知数×4=12。面积和体积的求解涉及平方和立方，所以面积和体积的问题会包含未知数的平方和立方。这样的问题以及表示它们的等式被称作二次方程和三次方程。

下面是一个典型例子，来自于古巴比伦

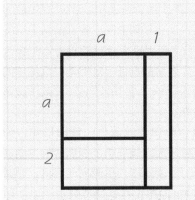

一块矩形区域，其中的长度只有部分已知。通过代数式可以写出这个矩形的面积，并用它来求出未知数a。

弗朗索瓦·韦达，被称为"现代代数符号之父"，他引入了字母来表示变量。

文献，它的几何形式如下。

　　想象这是一块田地。整块地的面积是多少？这可以用两个表达式的积来表示（$a+1$）×（$a+2$）。这两个表达式相乘就得到了（$a+1$）×（$a+2$）=a^2+3a+2。这是由求田地面积的问题产生的二次方程。

　　古巴比伦的文献还在研究挖掘地下室时讨论了三次方程，而古印度吠陀梵语的文献则在研究建造祭坛问题时讨论了同样的方程。两者都涉及体积的计算。从有实践意义的实际问题演化到用符号表述的抽象准则是

一段漫长的旅程。

从修辞语言到符号

　　在现存的古埃及和古美索不达米亚文献中，并没有使用符号来表述代数问题，而是使用修辞手法，也就是完全用语言描述。修辞代数在希腊数学界占据统治性地位，并且统治西方数学界直至15世纪。修辞代数最好的例证来源是公元500年左右的《希腊诗集》。它包含了46个问题，现举两例。

　　• 　德摩卡莱斯人生中的 $^1/_4$ 是个小男孩，$^1/_5$ 是个青年，$^1/_3$ 是个成年男子，最后13年是个老糊涂。他多大年纪了？

　　• 　3个女神带着几篮苹果，每一篮的数目一样。9个缪斯遇到了她们，向她们每人要了同样多数目的苹果。现在每个女神和缪斯拥有的苹果数目一样。请告诉我女神给出了多少苹果，现在每个人有多少苹果？

　　这样的问题转化为符号代数时非常容易求解，但是用修辞代数却很难解。

　　修辞代数和符号代数的过渡阶段被称为简略代数。简略代数就是在用修辞手法写代数问题时使用缩写。它主要归功于古希腊亚历山大港的数学家丢番图（约200—约284年），他被称为"代数学之父"（这一称谓也给予了中世纪阿拉伯数

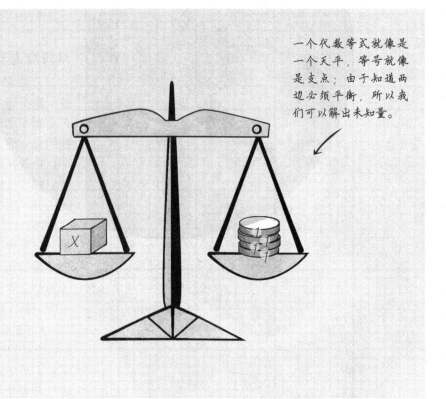

一个代数等式就像是一个天平，等号就像是支点；由于知道两边必须平衡，所以我们可以解出未知量。

学家阿尔-花刺子米，见第104页）。

在《算术》中，丢番图使用了单个字母作为未知量的符号。他还使用 Δ γ 来表示二次的未知数（也就是x^2），这两个希腊字母是希腊语中"幂"的前两个字母。此外，他还使用了数学运算符、负号和系数，这些都是后来符号代数的构成要素。

然而，丢番图的代数有很多局限。他总是具体问题具体分析，没有实现抽象统一。他的代数中没有相等的概念，因此也就没有使用等式。他一次只处理一个未知量。他还忽视了未知数小于零的解。此外，他在计算出第一个解的时候就会停止，尽管存在着无穷多个解（比如$x+y=4$这样的等式）。

阿耶波多和婆罗摩笈多这样的古印度数学家也使用的是简略代数。简略代数在中世纪晚期逐渐渗透进欧洲数学领域。16世纪后，欧洲数学家开始引入我们今天使用的符号，比如1557年英国数学家罗伯特·雷科德引入"="表示等于，到1706年引入 π 表示圆周率。

重聚与对立

英语单词"algebra"意为"代数"，来自于中世纪阿拉伯数学家阿尔-花刺子米（见第104页）所著的一本书的书名。这本书写于公元825年左右，书名中的"al-jabr"演变成了"algebra"。通常这本书的书名被译为《积分和方程计算法》，尽管原书名中最后一个词组"algebra-almuqabala"也可以翻译为"重聚与对立"。阿尔-花刺子米著作的重要性在于，它给出了求解代数问题的详细指导。他的方法正如书名中所说：重聚（或者说完善）和对立（或者说平衡），现在这两种方法被称为移项和消项。

移项就是重新排列等式，使得类似的项都集合到等式的同一侧。比如说，包含类似未知数的项都在同一侧。举个例子，在等式$bx+y=ax^2+bx-3y$中，可以通过移项得到$y+3y=ax^2+bx-bx$。消项就是把项在可能的地方化为它们最简洁的形式。比如说，在之前的例子中，这个式子可以化为$4y=ax^2$。比起最初的形式要简洁多了。

所以事实上现在的英文单词"algebra"只表达了阿尔-花剌子米描述的方法的一半。它同样可以被简单地称为"almuqabala"，或许最准确的说法应该是"algebra-almuqabala"。

一箱苹果

你或许每天都会用到代数，但是却完全没有意识到。举例来说，设想你看见一箱30个苹果标价4.5英镑，你想要知道每个苹果的价格。你能算出来吗？答案应该是每个苹果15便士。如果你算对了，你相当于解开了方程$30x=450$。

如果每个苹果的价格是一个未知量，那么可以用代数求出每个苹果的价格。

丢番图到底多大年纪？

丢番图的人生几乎不为人所知。对他生卒年岁的判断都是基于间接证据，包括一些存在争论的翻译材料。编纂于公元500年的《希腊诗集》中有一道关于丢番图寿命的修辞谜题，不过有可能完全是编造出来的："他人生中$\frac{1}{6}$的时间是个男孩，又过了$\frac{1}{7}$的时间他结婚了，再过了$\frac{1}{12}$的时间他长出了胡子。5年之后他的儿子出生了，他儿子只活了他寿命的一半，而他在儿子去世4年以后逝世。"

你能算出丢番图去世时多大年纪吗？谜题告诉我们，丢番图26岁结婚，得了个儿子，儿子却在42岁时去世，他自己去世时84岁。

DIOPHANTI
ALEXANDRINI
ARITHMETICORVM
LIBRI SEX.
ET DE NVMERIS MVLTANGVLIS
LIBER VNVS.
Nunc primum Graecè & Latinè editi, atque absolutissimis Commentariis illustrati.
AVCTORE CLAVDIO GASPARE BACHETO MEZIRIACO SEBVSIANO, V.C.

LVTETIAE PARISIORVM,
Sumptibus HIERONYMI DROVART, via Iacobaea, sub Scuto Solari.
M. DC. XXI.
CVM PRIVILEGIO REGIS.

17世纪时丢番图作品译本的封面。

智慧宫：
数学与中世纪的伊斯兰学者

阿拔斯王朝尽管诞生于冲突与宗教狂热中，但还是成为当时文化氛围最浓厚的国家。这个国家的学者在数学上取得了许多突破，并且在东西方文化交流上扮演了重要角色。同时，他们还保存了本可能在欧洲黑暗中世纪里失传的古代文献。

学者之城

750年，阿拔斯王朝创立。哈里发二世阿尔–曼苏尔将都城从大马士革迁到了底格里斯河畔特意新建的王城：巴格达。就像由亚历山大大帝一手创建的亚历山大港一样，巴格达也以惊人的速度发展成世界上最伟大的城市，并且同样因一座宏伟的图书馆成了学术中心。

阿拔斯王朝之前的倭马亚王朝在大马士革有一座贮藏室。它类似于图书馆，收藏着一些最重要的波斯文献的译本，比如说占星学。在阿拔斯五世哈里发哈罗恩·阿尔–拉西德（他就是《一千零一夜》里的那个哈里发，并以此闻名）统治下，帝国贮藏室日益壮大，中世纪伊斯兰科学史家伊本·阿尔–齐弗提称之为"智慧宫"。翻译活动在当时非常盛行，像托勒密的《至大论》就是应一户富有官员家庭的要求翻译的。这是后来所称的"翻译运动"的第一次兴起。

频率分析法

一个间谍给你带来了他从敌方截获的信息，不过看上去都是些废话。你该如何破解密码呢？如果这份信息足够长，那么语言本身的特性就可以给你提供至关重要的线索。在任何一门语言中，总有一些字母比别的字母使用频率更高。比如在英语中，最常出现的字母是"e"和"t"——在一段典型的英语文本中，12.7%的字母是"e"，9.1%的字母是"t"。如果数一数加密文本中字母的数目，你大概可以看出哪个字母代表"e"，哪个字母代表"t"，以此类推。这叫作频率分析。你只需要一点线索就可以破解简单的密码。比如说，如果这份信息是用后移一位的字母表写的，那么"a"就变成了"b"，"e"就变成了"f"，以此类推。你只需要通过频率分析识别出一个字母就可以了。

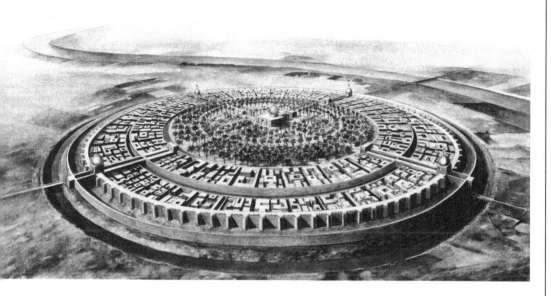

阿尔-拉西德的儿子阿尔-马蒙于813年到833年在位。在他的资助下，智慧宫发展为传奇般的智慧之家，巴格达也成为哲学革命的中心。据说阿尔-马蒙在前往巴格达之前梦到了亚里士多德。他创办了智慧沙龙，支持了大批文献的翻译工作，从君士坦丁堡到印度的都有。他还从世界各地招揽学者，其中著名的有阿尔-花剌子米（见第104页）、巴努·穆萨兄弟（见第104页）以及阿尔-辛迪。为了追赶阿尔-马蒙的学术时尚，富有的赞助人抢着建造自己的图书馆，同时也建造了天文馆并雇用天文学家。汇集了伟大学者，再加上史无前例富集的文献，使得智慧宫的日常从翻译活动转变成了科学创作和研究。

阿尔-辛迪

阿尔-辛迪（801—873年）是一位阿拉伯学者。他来到巴格达学习，并被阿尔-马蒙招入智慧宫。之后他成为王室的导师，也许是因为和其他学者存在对立，他最终失宠

了。在西方他有时被称为阿尔-辛德斯，通常被认为是一名哲学家，不过他针对希腊数学文献写过极为重要且极富洞见的评论。自然，他被伊斯兰科学史专家认为是"当时最富学识的人，对古代科学家掌握之全面远超同时代人，掌握了逻辑学、哲学、几何学、数学、音乐学和天文学"。

除了光学和天文学方面有重要著作外，阿尔-辛迪的论文《印度数字使用教程》尤为著名，这是将印度数字的知识传往欧洲的重要文献之一。他还取得了或者说记录下了密码学领域的重大突破。密码学是关于加密和解密的科学，是数学知识非常重要的应用领域。阿尔-辛迪发展出了频率分析法（见第98页），并将它运用在解密上，显然这能帮助他翻译外语书籍。他在数学方面也有原创性的工作，比如一篇关于平行线的论文。总的来说，他专注于吸收古代学者著作的精华，并在其基础上有所建树。正如他所写的："记住古人所说过的一切是件好事。对于追随他们的人来说，这样做简单快捷，还可以在古人

哈里发五世阿尔-拉西德接见查理曼大帝的使臣。

这一领域最形象的例子或许是星盘的诞生，这个设备是用来测量倾斜度的，尤其是天体与地平线所成的角度（见下页方框：星盘）。利用星盘上的刻度，可以将倾斜度换算成经纬度，之后便可以确定朝拜的方向和时间（伊斯兰教规定在一天中的特定时间朝向麦加祈祷）。星盘是非常复杂的计算仪器，展现了其制造者高深的理论造诣和超凡的制造技术。

阿尔-布鲁尼

几位重要的中世纪伊斯兰学者都将数学与测量制图结合在了一起。阿尔-布鲁尼（973—1048年）就是一个例子。他是乌兹别克人，绘出了印度和中亚大部分地区，开创性地使用了球面几何的新方法，并在牛顿之前探索出了微积分学的早期形式（见第156页）。

阿尔-布鲁尼最著名的成就是以惊人的精度测量出了地球的周长。

他使用的方法远远领先于埃拉托色尼所使用的简单三角学。阿尔-布鲁尼在他的著作《测量城市坐标》中，首先考察了埃拉托色尼所使用的方法，以及阿尔-马蒙的学者

没有完全弄清的领域进一步深入研究。"

一个方向

伊斯兰数学在三角学、球面数学以及地图学上取得了巨大进展，这些学科都与伊斯兰科学的基础驱动力有关：朝拜问题。朝拜问题指的是要确定圣地麦加的方向。不论穆斯林身处何地，他们必须朝向麦加祈祷。每当有一座新的清真寺建成，它都需要有一个壁龛指引麦加的精确方向。在世界各地确定这一方向成了伊斯兰学者的首要任务，这个问题也成为伊斯兰数学最重要的应用。

重现这一方法的过程，之后他介绍了自己的方法。他写道："还有一种确定地球周长的方法，不需要在沙漠中走路就可以做到。"不过这种方法却需要爬山，具体地说是爬纳达要塞周围的一座山，在如今的巴基斯坦国境内。阿尔-布鲁尼于1020年到1025年之间作为伽色尼王朝苏丹马哈茂德的随从来此访问。

　　阿尔-布鲁尼首先使用一块正方形板测量出了山的高度，之后他从山顶测量出了地平线下沉的角度。他利用了相似三角形定理，即内角相等的三角形对应边成比例。这样再结合基础三角学，他就求出了地球的半径，再乘以两倍的圆周率就得到了地球的周长。他的结果与今天的测量结果误差在1%以内。阿尔-布鲁尼成功的关键不在于理论（他的理论相对比较简单），而是在于他测量微小角度的技术。他使用一个星盘测量出了地平线与山顶所在的平面之间略大于半度的微小角度。

画有天文学家使用星盘的手稿。

星盘

　　星盘基于天球的投影，把天球投影到一个平面上，就像地球投影到平面地图上一样，还标有经纬度的网格，天球和上面的星系与行星也可以投影到标有天体线的圆盘上。尽管可能有纸质或是木质圆盘，不过现在留存下来的只有金属圆盘。现存的早期星盘大多是一个铜质圆盘，上面刻有星图。球体投影和星盘的理论基础可以追溯到古代，不过可能直到公元600年左右星盘才被实际造出来。托勒密可能早在公元2世纪就制造过一个版本。到了8世纪中期，星盘被引入伊斯兰世界，达到了它造型与技术发展的巅峰，星盘成了珍贵且精美的手工艺品，是技术与美的合体。

来自伊朗的星盘，是公元9世纪到10世纪的文物。

引入三角学

三角学，其英文单词"Trigonometry"的字面意思是"测量三角形"。它是关于三角形边和角的数学。它基于两条三角学的公理。第一条公理是，由两个角和它们所夹的边可以确定一个三角形。也就是说，给定三角形中的一条边和两个角，那么剩下的两条边和一个角也就可以确定了。

第二条公理是，内角相等的两个（或多个）三角形是相似三角形，意思是它们的对应边成相同比例（见本页方框：相似三角形）。利用这两条公理可以轻松解三角形，也就是求出未知的边和角，大多数情况下，只要你知道3条边和3个角中的3个条件就够了。这种问题在直角三角形上尤其简单。根据定义，它有一个角是已知的（毕达哥拉斯定理在此适用），因此，这里涉及的大多数初级三角学知识主要关注直角三角形。

三角函数

直角三角形中各组边的比都有名字。对边与斜边的比叫作正弦值（简写为 sin），邻边与斜边的比叫作余弦值（简写为 cos），对边与邻边的比值叫作正切值（简写为 tan）。以上这些都是三角函数。当我们讨论正弦值时，可以把它和决定这两条边的角联系起来。换句话说，正弦值是对边和斜边的比值，但是只有对于角 θ 来说，这两条边才是对边和斜边。所以讨论正弦值（或是其他三角函数）时，正确的说法应该是"角 θ 的正弦值"。三角函数可以简单总结如下：

$\sin\theta$ ＝对边：斜边

$\cos\theta$ ＝邻边：斜边

$\tan\theta$ ＝对边：邻边

以下的记忆口诀可以帮你记住：SOH—CAH—TOA（这是英语的口诀，汉语中没

相似三角形

三角形A比三角形B大得多，但是它们的内角相等，所以它们是一组相似三角形。试着分别算算三角形A和三角形B中斜边（最长的边）和长直角边的比，结果如何？在三角形A中，比为10：8=1.25；在三角形B中，比为5：4=1.25。比是一样的。事实上，在所有内角与三角形A相等的三角形里，不论大小，斜边与长直角边的比都是1.25。

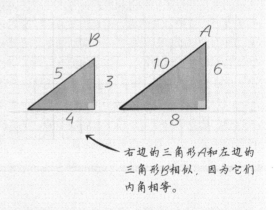

右边的三角形A和左边的三角形B相似，因为它们内角相等。

直角三角形的构成

在直角三角形中，我们知道有一个角是90°。根据习惯，另一个未知角通常用希腊字母 θ 表示。[记住如果你求出了 θ，那么由于你知道了两个锐角中的一个，所以另一个角为（180-90-θ）°。]三角形中各条边根据它们和 θ 的位置关系来命名。正对这个角的边叫作对边，紧邻这个角且不是斜边的边叫作邻边。

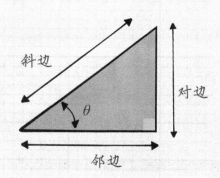

有类似的口诀——译者注）。

在印度，4世纪或5世纪左右时，人们注意到对于所有直角三角形里指定的未知角（θ）来说，这些边的比都是一定的，他们还求出了这个角 θ 从1°变化到89°时所有的比（也就是这个三角形的内角从1°、89°、90°变化到89°、1°、90°），并制成了表格。有了这样的表格，就可以通过比值倒推出角度。比

天体三角

在印度数学的黄金年代里（从公元5世纪到12世纪），印度数学家由于擅长三角学，再结合他们非凡的天文知识，能够计算出地球、太阳和月球之间的距离。他们意识到，在半满月时，地球、月球和太阳构成了一个直角三角形，并且他们测出下图所示的视差是（$\frac{1}{7}$）°，这样他们算出地球到太阳的距离是地球到月球距离的400倍。这个数值与现代结果的误差小于3%。

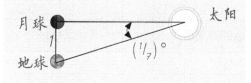

如一个三角形中的未知角 θ，其对边为4.5，斜边为9，那么对边：斜边=4.5：9=0.5。那么正弦值 sin θ =0.5，查表可知正弦值0.5对应的角度是30°，也就是说 θ =30°。

三角"树"学

三角学并不只是出于理论兴趣而产生和发展的，它有着实际用途。比如说，你要砍倒花园里的树，你需要知道这棵树有多高，它离你的房子有多远，这样倒下来的时候才不会砸到你的房子。你只需要站在花园的边上，测量树顶和你眼睛形成的夹角（比如说可以用一把短尺子和量角器来测量），之后再测出你所站的位置到树根的距离。你、树根、树顶构成了一个三角形，因为树根基本上是垂直于地面的，现在你知道了你构造的三角形的3个角和一条边。对于你测出的那个角来说，你到树根的距离相当于邻边，记为 A，你想要求出的树高相当于对边，记为 O。假设你测出的角度是60°，测出的距离是5米。我们知道 tan θ = O：A，tan60° = O：5。移项得到 O = tan60° ×5。查表可知 tan60° =1.732，所以 O=1.732×5=8.66。也就是说树的高度是8.66米。所以如果你的房子到树的距离小于这个数，你最好确保树是往另一边倒的！（编辑注：这里忽略了眼到地面的距离。）

阿尔-花剌子米

阿尔-花剌子米（约780—约850年）被公认为中世纪伊斯兰世界最重要的数学家，并被称为"代数之父"，而古希腊数学家丢番图（见第95~96页）有时也会得到这一称谓。《穆斯林对数学的贡献》的作者穆罕默德·卡恩写道："古往今来的数学家首推阿尔-花剌子米。"

巴努·穆萨兄弟

巴努·穆萨兄弟在智慧宫同阿尔-花剌子米一起工作，他们分别叫穆罕默德、艾哈迈德和哈桑。哈里发阿尔-马蒙在他最初的大本营梅尔夫（靠近今天中亚的玛丽城）亲自监督了对他们的教育。他们陪同哈里发来到巴格达，并被哈里发安置进了智慧宫。在这里，他们不仅研究科学，也进行政治斗争，像倒霉的阿尔-辛迪就遭到了他们的算计。在他们的策划下，不仅阿尔-辛迪遭到袭击，他的图书馆也被充公，之后落到了三兄弟手中。他们的科学成就包括穆罕默德的论文《星体运动和引力》。书中认为支配月球和行星这样的天体的物理法则同样适用于地球上的物体，这领先了牛顿的万有引力定律8个世纪。巴努·穆萨兄弟之后负责灌溉工程和修建运河。他们最著名的著作《灵巧装置之书》是关于工程领域的。这是一本关于奇怪又有趣的装置的大全，内容包括"自己会演奏的乐器"这样的装置。这个吹笛子的机器人或许是史上第一台可编程的机器。

"他完成了算术和代数最古老的专著。这些专著成了东西方世界在接下来几个世纪数学知识的主要来源。他的代数著作第一次将印度数字引入欧洲……并且他的代数著作在欧洲世界为这门数学的重要分支命名。"

现代人对阿尔-花剌子米的生平或背景知之甚少。他的名字翻译之后的意思是"来自花拉子模"，这是位于中亚的乌兹别克斯坦的一个省；现在，希瓦城的人宣称他是本城蜚声世界的孩子。也有说法称他来自一个袄教家庭，不过这可能是翻译谬误导致的传说。现在的共识是，阿尔-花剌子米有可能出生在巴格达。被招入智慧宫（见第98~99页）后，他作为天文学家、地理学家和数学家开展了一系列研究，运用他的学识解决了各种问题，从水利工程到遗嘱纷争。尽管他本人不是一名翻译家，但是他从翻译运动（见第98页）中获益匪浅，并且似乎精通印度、古希腊以及希伯来文。

"代数之父"

阿尔-花剌子米最著名的是他的学术著作《积分和方程计算法》，从该书名中演化出代数的英文单词"algebra"（见第96页）。

纪念阿尔-花剌子米的苏联邮票（他的祖国乌兹别克斯坦曾是苏联的加盟共和国）。

"代数的继父"？

关于阿尔-花剌子米《积分和方程计算法》一书的资料来源和原创性一直存在争论。有些科技史学家认为这本书是数学史上的伟大里程碑，而阿尔-花剌子米是古往今来最重要的数学家之一。另外一些人则认为他只是重复了更古老的著作的内容。有一种理论认为，阿尔-花剌子米仅仅只是复制了2世纪的一本希伯来著作《测量文集》。不过也有人辩称，《测量文集》要晚于《积分和方程计算法》。

他写这本书是因为他想教给大家"代数中最简单有用的办法。比如人们常常在继承遗产、分割财产、诉讼和贸易中遇到的问题。还有他们在测量土地、挖掘运河、计算土地面积时遇到的各种问题"。

阿尔-花剌子米的代数方法是完全修辞的（就是完全不用符号），但却被认为是革命性的，因为它强调代数抽象准则，而不是仅仅解决具体的问题。阿尔-花剌子米用"东西"来指代要求的未知量（现代符号代数中用 x 表示），他是第一个认为未知数可以像物体一样被操纵的人。

《积分和方程计算法》是一本教科书，阿尔-花剌子米在其中系统地展示了如何求解线性方程和二次方程。他总结了二次方程中的3项：平方（符号代数里的 x^2）、根（符号代数里的 x）和数字（现在称为常数，一般用 c 表示）。按照阿尔-花剌子米提出的术语，$x^2+3x+4=0$ 这样的方程包含了1个平方（x^2）、3个根（$3x$）和1个数字（4）。之后他把二次方程和线性方程分类为以下6种。

- 平方和根相等（$ax^2=bx$）。
- 平方和数相等（$ax^2=c$）。
- 根和数字相等（$bx=c$）。
- 平方加上根等于数字（$ax^2+bx=c$）。
- 平方加上数字等于根（$ax^2+c=bx$）。
- 根加上数字等于平方（$bx+c=ax^2$）。

他的方法就是把任何问题化为上面6种方程之一，然后按照他书中的步骤解决。在书的第二部分，阿尔-花剌子米通过许多例子展示了如何把他的方法运用在日常生活情境中，比如说："假设有一个人生病了，要释放他的两个奴隶。其中一人价值300迪拉姆，另一人价值500迪拉姆。价值300迪拉姆的奴隶死了，留下一个女儿，之后主人也死了，同样也留下一个女儿。死去的奴隶留下400迪拉姆的财产。那么每个人要花多少钱才能为自己赎身呢？"

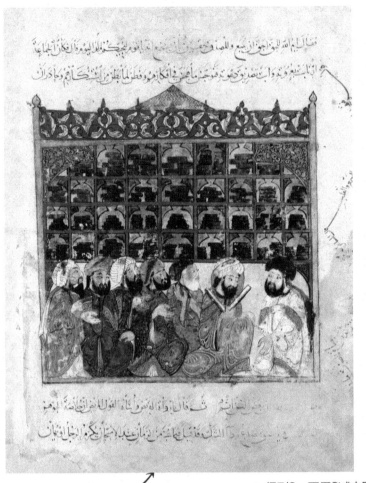

手稿中图书馆的场景。

世界地图

除了数学和天文学方面的著作，阿尔-花剌子米在地理学方面也有一部重要的著作《诸地理胜》。在其中，他绘制了一幅世界地图，给出了超过2400个地方（包括城市、山脉、海洋、岛屿和河流）的经纬度。

尽管古巴比伦人、古埃及人和古希腊人都曾经应用过代数方法解决实际问题（见第38页），阿尔-花剌子米的版本却是数学的全新分支。在数学方面，希腊的几何学依然占据统治地位。所以阿尔-花剌子米既用文章写出了他的解法和答案，同时又谨慎地用几何给出了证明作为支撑。首先，他以叙述的方式陈述问题：

"1个平方和10个根等于39个单位。这个问题也可以化为这样：一个平方数加上10倍的平方根等于39，这个数是多少？解法是拿出平方根数目的一半。之前问题中是10倍的平方根，那么我们用5乘以自己得到25。用25加上39，得到64。对64开平方得到8，再用8减去5得到3，这就是平方根了。3的平方是9，我们所求的平方数就是9。"

用符号代数来表示，就是$x^2+10x=39$，阿尔-花剌子米求出的结果是$x=3$。首先，他作一个边长为x的正方形（代表x^2，下页图1）。之后他在每一条边上作4个长方形，表示加上$10x$。长方形边长分别为x和$^{10}/_4$。所以每个长方形的面积是$^{10x}/_4$，总面积就是$10x$。我们由等式知道这个新图形的面积是39。之后他在角上加上小正方形使之成为大正方形。我们知道长方形的宽度是$^{10}/_4$（也就是$^5/_2$），所以新的小正方形的边长是$^5/_2$，那么面积就是$^{25}/_4$。因为有4个这样的小正方形，所以总面积是25。新的大正方形面积是39+25=64，意味着大正方形边长为8。我们知道$^5/_2+x+^5/_2=8$，所以$x+^{10}/_2=8\rightarrow x+5=8\rightarrow x=8-5\rightarrow x=3$。

算法

算法"algebra"并不是唯一来自阿尔-花剌子米著作的现代词汇。他的名字本身就是算法"algorithm"的词根，现在这个词表示计算过程。这是因为阿尔-花剌子米的另一部学术著作，一篇关于印度-阿拉伯数字的论文，12世纪时的拉丁文译本将它译为《阿尔-花剌子米谈印度计算艺术》。

在这篇论文中，他讨论了印度数字的位值制系统，并且他可能是第一个在这个系统中使用零作为占位符的人。阿尔-花剌子米还讨论了利用这个系统进行运算和求平方根的方法。英国科学史家G.J.图默在《科学传记词典》中写道："十进位值制系统是从印度传来的相对新鲜的事物，阿尔-花剌子米的著作是第一个系统阐述它的作品。因此，虽然它内容很基础，但是却很有学术意义。"

由于有了拉丁文的译本，英语单词"algorism"开始表示使用印度-阿拉伯数字进行计算，这是与传统的算盘算法相对的。到19世纪时，这个词演化为"algorithm"，表示任何在数学上解决一个问题或是完成一个任务的确定过程。

"algorism"的真实语源学来源在这个词诞生后不久就失传了，导致现代早期时人们给出了几种解释。有的早期语言学家认为它是拉丁语单词"algiros"（"疼痛"）和"arithmos"（"数字"）的结合。另一些人则认为它和卡斯蒂利亚国王阿尔戈（Algor）有关。

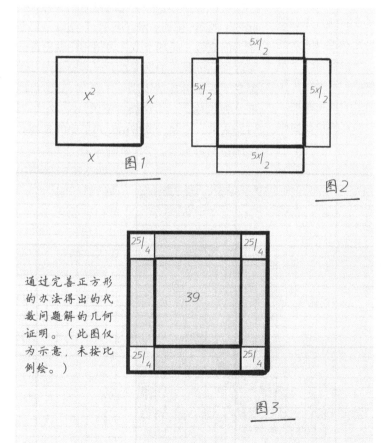

图1

图2

图3

通过完善正方形的办法得出的代数问题解的几何证明。（此图仅为示意，未按比例绘。）

中世纪欧洲数学

5世纪时西罗马帝国的灭亡使得欧洲陷入万劫不复之境地：异族入侵，大规模移民，到处都没有安全感，法律与秩序完全崩溃，人口大幅度衰减，经济也巨幅萎缩。总体来说，科研学术活动依靠的总是处在安全环境下的精英分子和繁荣的商业区，这一点对数学尤其适用。

现在人们认为，把中世纪早期描述为黑暗时期是不准确的，不过用它来形容数学的处境还是有道理的。越来越少的商人需要发展算术来为金融服务，因此越来越少的人能把时间和精力投入学术中。统治者有比学术更需要投入时间和金钱的需求。欧洲经历了一段文化、书籍和教育水平上的荒芜时期。只有教会继续资助教育，但是它的首要目标是神学而不是数学。

托莱多学派

然而数学却在中世纪的伊斯兰世界兴旺起来。阿尔-花剌子米、阿尔-辛迪以及其他学者的文献，再加上欧几里得和托勒密这些学者作品的阿拉伯语译本，一起流传到了伊斯兰世界最西部的前哨——阿尔-安达卢西亚。在这里，一个伊斯兰王国从8世纪早期开始兴起，但是逐渐被由北方扩张的基督教王国蚕食着土地。伊比利亚半岛上最后一个伊斯兰王国是格拉纳达酋长国，它一直存在直至1492年。尽管在阿尔-安达卢西亚，穆斯林和基督教教徒存在冲突，但还是有很多文化交流，包括学术交流。基督教、犹太教和伊斯兰学者在一起把阿拉伯语的著作翻译为拉丁语，这一新的翻译运动的中心就在托莱多。

阿尔罕布拉宫，在这里，西班牙的最后一个伊斯兰王国一直统治到1492年。

阿方索十世，卡斯蒂利亚的"智者"，正是他资助了阿方索星表的编纂。

1085年，来自卡斯蒂利亚里昂的信仰基督教的国王阿方索六世占领托莱多，但是跨信仰的学术合作传统被保留了下来，同样被保留下来的还有大量的图书馆，以及托莱多翻译院。托莱多翻译院是数学知识传入欧洲的主要渠道。

在托莱多，12世纪欧洲学者的领军人物，来自巴斯的阿德拉德和来自克莱蒙纳的杰拉德翻译了欧几里得和阿尔-花剌子米的著作。欧几里得的著作是从阿拉伯语的版本翻译回拉丁语。阿德拉德版的欧几里得著作附有注释，是标准的拉丁语译本，并且在1482年成为首批印刷出来的数学教科书。接下来的一个世纪里，"智者"阿方索十世（于1252—1284年在位）在托莱多建立了类似阿尔-马蒙的智慧宫这样的机构，招募学者翻译阿拉伯的天文学和星相学著作，并且出资赞助阿方索星表的编纂。托莱多在将印度-阿拉伯数字引入欧洲一事上尤

为关键。正是在这里，阿尔-花剌子米的《阿尔-花剌子米谈印度计算艺术》被翻译为了拉丁文"algoritmi de numero indorum"。这些数字在欧洲被称为托莱多数字。英语单词"zero"是卡斯蒂利亚语中"zephirum"的变形。"zephirum"是拉丁语版的"sifr"（阿拉伯语意为"无"）。

阿方索星表

或许托莱多翻译院在"智者"阿方索支持下取得的流传最广的成果就是天体坐标的表格了，这个表格也被称为阿方索星表。自从公元2世纪托勒密写出了《至大论》，天体表格就流行开来了。它们为天文学家和占星家提供了理论依据，帮助他们求出太阳、月球、行星以及星系在某一天的具体位置，这样他们就可以画出占星图了。《至大论》本身并不方便计算，所以要编制表格，这样使用者只需要利用天文学原理就可以进行实际操作了。

伙伴系统

托莱多翻译院的翻译过程是对学术合作非常好的研究内容。图书都由两人小组合作翻译：其中一人阅读原本，在脑中翻译为当地语言，并且大声说出来；另一人则将当地语言翻译为拉丁语并且记录下来。塞维尔的约翰是托莱多翻译院的领衔翻译之一，并且很可能是一名改变了信仰的犹太人。他详细解释了翻译伊本·西纳（通常被称为阿维森纳）的著作《灵魂论》的过程："这本书是由阿拉伯语翻译而来的，我自己用本地方言一字字念出，会吏长多米尼克则将内容翻译为拉丁语。"比如说，克莱蒙纳的杰拉德就和一个叫加利普斯的莫扎布人一同翻译。后者很有可能在翻译中扮演了主要角色，并促成了阿尔-花剌子米的数学理论流入欧洲。

由于涉及的坐标会随着使用者所在的地点和时间改变，因此表格里还包括了根据具体情况进行计算的步骤。编制表格不仅是天文学工作，也是数学工作，几位主要的数学家也编制了这样的表格。尽管这和数学纯粹严谨的形象不符，但是数学发展的一大推动力却是编制精确星象图的需要。

在阿拉伯语中，一份星表被称为"zij"。11世纪末期，当托莱多还处在穆斯林控制之下时，阿尔-花剌子米和其他顶尖数学家（诸如阿尔-巴塔尼）所作的星表，加上托勒密研究成果的译本，结合在一起成了当时最权威的一组星表，被称为托莱多星表。12世纪时，这些星表被翻译成拉丁文，但之后却被托雷多地区编纂的更新的星表超越。大约在1263年，"智者"阿方索命令他手下的学者，尤其是希伯来天文学家杰胡达·科恩和托莱多的伊萨克·本·希德，开始编纂一份新的星表集。这使得阿方索星表成为基督教地区最流行的星表集，一直使用到1551年。

然而，就像之前所有的星表一样，阿方索星表的精度以及效用都因为星表与一种错误的宇宙观相联系而受到了限制。在这种地心说宇宙观中，地球是宇宙的中心，而所有天体围绕地球做圆周运动。尽管阿方索星表中提供了根据使用者所处的时间和地点具体计算坐标的指导，并且经过反复修订，使其更加简单并修正了错误，但是星表存在的天文学理论上的缺陷使得哥白尼在1504年预测火星和木星相遇时，计算结果和实际情况相差了10天。直到1551年，第一份根据哥白尼的日心说制作的星表集才被编纂出来。到1627年，鲁道夫星表才被丹麦天文学家第谷·布拉赫和德国天文学家与数学家约翰尼斯·开普勒编纂出来。

雕刻出来的浑天仪表现了托勒密的宇宙观。

图中的算术女神比起代数更偏爱算盘。

尽管违背了布拉赫的意愿，但是这份星表综合了日心说理论以及开普勒的椭圆轨道模型，变得极其精确。

超越斐波那契

中世纪最伟大的数学家是比萨城的莱昂纳多，通常被称作斐波那契（见第116页）。

古老的黑魔法

在13世纪的欧洲，"托莱多的科学"和"黑魔法"是同义词。这是因为托莱多翻译院输出的大量材料都涉及占星术并和数学有关。这在当时是非常先进的知识，以至于被大多数人误认为是魔法。当时的作家把翻译院和巫术联系在一起。凯撒利乌斯是德国的一个小修道院的院长，他讲了两名斯瓦比亚人在托莱多学习研究巫术的故事。而唐·胡安·曼努埃尔（"智者"阿方索的侄子）则虚构了一个圣地亚哥院长的故事：这位院长想要学习巫术，听说托莱多的伊兰对巫术的了解超过任何人，于是就前往托莱多学习黑暗艺术。人们怀疑数学的本质是魔法，这或许拖累了新思想与新技术在中世纪欧洲的传播。

斐波那契是商人的儿子，在伊斯兰的领土上接受了教育，并在地中海一带广泛游历，吸收东方传来的最新数学思想。他的著作涉及算术、数论（数学中研究数字之间关系的学科）以及所谓的斐波那契数列。多亏了斐波那契维护了阿尔-花剌子米的印度-阿拉伯数字系统，欧洲的数学实践者因而分为了两派。一派是算术派，他们是利用印度-阿拉伯数字系统和纸笔进行计算的算术学家；另一派是算盘派，他们则是用传统的方法，使用罗马数字，在算盘、板子或者是格子布上进行计算。

斐波那契之后的中世纪伟大数学家法国人尼可·奥雷姆，他是第一个使用分数指数（比如说$4^{1/2}$，意思为"4的平方根"）的人，也是第一个使用无穷数列的人。他最令人震惊的数学成就也许是他领先于笛卡儿数个世纪使用了一种版本的坐标系。奥雷姆是第一批采用图像分析方法的数学家之一，他利用图像证明了一条定理（默顿定理）。这条定理说的是，一个匀加速物体所经过的距离，等于另一个以它的平均速度匀速前进的物体所经过的距离。他或许是第一个用图像来表示时间、速度和距离的人。

在接下来的一个世纪里，最为重要的数学家是德国人约翰·穆勒（1436—1476年），通常被称作雷吉奥蒙塔努斯（这个名字来源于他家乡哥尼斯堡的拉丁名字）。他幼年时便是神童，11岁进入大学。之后，他成了一名天文学家，通过直接的天文观测了解到阿方索星表的缺陷。那是在1457年，他观测火星和月食的时候发现前者与预测有2°的偏移，而后者则晚了一小时。

雷吉奥蒙塔努斯最重要的两部著作分别是基于托勒密天文学成就的《至大论概略》以及《三角学》。前者是在天文学理念与天文数据方面都十分先进的著作。而使用了球面几何规则的《三角学》则是天文学的基本工具之一。此外，在撰写《至大论概略》时，雷吉奥蒙塔努斯意识到他需要对系统几何学有系统的认识，因此他写了《三角学》。在前言里，他表明了自己的著书动机。这些话在今天看来仍然适用于学习数学的学生："你想要研究伟大而又神奇的事物，你好奇恒星的运动，那就必须读一读这些三角形的定理……初学者既不应当害怕也不应当沮丧……如果理解一个定理有困难，他可以去

克里斯托弗·哥伦布在研究一个地球仪，当他的船在牙买加失事后，他利用天文历书来预测月食。

·F·A·

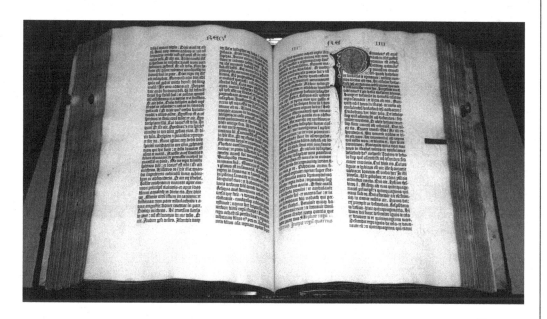

研究那些数字实例以寻求帮助……"

从某些方面来说，雷吉奥蒙塔努斯在数学史上是一名关键人物，即使从整个科学史的角度来看，这样说也不过分。在1439年左右，谷登堡发明了西方活字印刷术。雷吉奥蒙塔努斯把握住了这一具有划时代意义的发明。这一技术能够大规模传播精确且配有图表的科学文献。因此，在1471到1472年，他在德国纽伦堡创办了自己的印刷出版社。用他自己的话来说："选择（纽伦堡）作为我永久的居所，不仅仅是为了便于使用各种设备，也是为了和世界各地有学识的人进行交流并获得愉悦感。因为经常有商人往来于此，这里被认为是欧洲的中心。"成为第一个科学出版商之后，雷吉奥蒙塔努斯在1474年出版了他自己的著作《星历表》。这本历书包含的天文数据为人们提供了提前计算好的接下来几年内行星的位置信息。并且，这本书在历史上第一次提供了每天的行星位置（而不是每5到10天的位置）信息，这样使得占星术的应用变得容易了许多。这本书被多次重印，并且影响深远——意大利航海家克里斯托弗·哥伦布和亚美利哥·韦斯普奇都利用《星历表》来计算新大陆上的经度。

出版图书却遭厄运

雷吉奥蒙塔努斯于1476年在罗马去世，一种阴谋论认为他是因为与其他人在科学理论上的矛盾被谋杀的。他的《至大论概略》一部分算是对希腊哲学家特拉布宗的乔治的驳斥。他更公开要续写这本书的打算，续作将会"彻底揭露"乔治的著作"毫无价值……满篇谬误"。人们认为这种公开的贬斥为乔治的两个儿子提供了足够的谋杀雷吉奥蒙塔努斯的动机。这种流言广为传播，尽管事实上几乎可以肯定雷吉奥蒙塔努斯死于瘟疫。

威尼斯人的方法：
卢卡·帕乔利与会计们的数学

除了天文学家的需求之外，会计们对数学知识的需求也为数学的发展提供了动力。数学在商业和金融领域的应用促使人们采用印度-阿拉伯数字，并且人们也成为一般数学的拥趸。

1211年的一位佛罗伦萨银行家账本的残片为早期的复式记账法提供了存在的证据，不过这种方法直到1494年帕乔利的著作《算术、几何、比及比例概要》出版，才广泛流行。这是一本涉及数学的方方面面的综合教科书，还包括一篇名为《计算与写作》的论文。在这篇论文中，帕乔利描述了他遇到威尼斯的商人们之后所了解到的复式记账法。因此这种方法也被称为威尼斯方法。这种方法"能够让最慷慨的乌尔比诺公爵管治下的商业活动按照指示进行"，也能"让商人们对自己的资产与负债一目了然"。

"会计之父"

《算术、几何、比及比例概要》是最早一批用谷登堡印刷机印刷的书籍之一，也是意大利阅读量最大的数学著作。而《计算与写作》一文则是这一领域的经典之作，为帕乔利带来了"会计之父"的美名。他描述了许多至今仍然很常见的会计学要点，比如试算平衡表。在这种方法中，前一年分类账中借方的金额被记录在平衡表的左边，而贷方金额则记录在右边。如果总数能够平衡，那么这本账就被认为是平衡的。如果不平衡，用帕乔利的话说就是："意味着你的账目中有个错误，你得用上帝赐予你的勤奋和智慧努力找到它。"美国会计学者亨利·兰德·哈特菲尔德（1866—1945年）说："一个领域中的第一本著作就被奉为圭臬，这是非常少见的，而帕乔利的《计算与写作》就做到了。"

文艺复兴分子

在写作《算术、几何、比及比例概要》和《计算与写作》时，帕乔利还是一名方济各会的修士，而在担任圣职之前他早就是一名数学家了。事实上他还算是一名文艺复兴分子。他在写《算术、几何、比及比例概要》一书时，被邀请前往米兰的斯福尔扎公爵的宫殿教授数学，之后他成了莱昂纳多·达·芬奇的好友和合作者。达·芬奇是帕乔利的学生之一，还为帕乔利的下一本著作《黄金比例》（1509年出版）绘制了讲解透视和比例的插图。作为回报，帕乔利则教达·芬奇如何在艺术作品中运用这些定理，比如在《最后的晚餐》中。同时，他还提供了实际的帮助：据说他帮达·芬奇计算了铸造斯福尔扎公爵塑像所需的铜料。1509

年，帕乔利做了一次著名的演讲——"比例与均衡"。在这次演讲中，他强调了比例与宗教、医学、法律、建筑、语法、印刷、雕塑、音乐以及一切博雅艺术之间的联系。之后的人生里，他在佛罗伦萨、威尼斯、罗马以及其他城市教书写作。他曾到访博洛尼亚，有可能在那里他启发了费罗关于三次方程的研究工作。之后他回到他的家乡圣塞波尔克罗，并于1517年去世。

复利

复利指的是原始金额（称作本金）生成了一部分利息，这些利息被加入本金计算下一轮利息，这样本金就变得更多了。本金100元，年利率10%，每年的利息本该都是10元。如果采用复利计算，第二年的利息应当是110元的10%，第三年的利息应当是121元的10%，如此类推。从古代起，金融业和放贷者就对复利很感兴趣。比如说，古巴比伦石板就记录了计算复利以及等同于按揭贷款的问题。现存于巴黎卢浮宫的石板AO6670来自古巴比伦时期（公元前2000—公元前1700年），其上的内容为讨论年利率20%的本金多少年能翻倍的问题。

利息不都是按年计算的。复利次数越多，本金增长得就越快。1183年伦敦的一份借款协议记录上详细记录了2便士按周计算复利的利率问题，相当于年利率43%。1235年，伦敦商人借给一家小修道院的利息更高，协议要求"每两个月要缴纳本金10%的利息作为酬金"，年利率达到了令人咋舌的60%。

那么你要是放了贷或者欠了债应该怎么计算利息呢？简单的代数知识就可以推出简洁的公式。如果本金记为P，年利率为r（比如说，10%的年利率就是$r=0.1$），那么到了年底，利息应该是$r \times P$或者rP。应当偿还的总金额是本金加上利息，也就是$P+Pr$，也可以写作$P(1+r)$。

如果这些钱都没有偿还，那么下一年的利息就是$r \times P(1+r)$，或者写作$rP(1+r)$，到这一年年底的本息和就应该是$P(1+r)+rP(1+r)=P(1+r)^2$。第三年年底本息和应该是$P(1+r)^3$，4年后应该是$P(1+r)^4$，以此类推。所以计算n年之后本息和的通用公式应该是$P(1+r)^n$。

←——中世纪的会计在工作。

斐波那契

斐波那契是对中世纪意大利数学家比萨城的莱昂纳多（1170—1250年）的通常称呼，这个名字其实到19世纪才被人采用。该名字来源于他最著名的书《计算之书》中的第一句话："这本书名为《计算之书》，为比萨城的莱昂纳多——外号'斐波那契'［即波那契之子（filius Bonacci）］所著，成书于1202年。"

虽然filius Bonacci应当翻译成"波那契之子"，但其实莱昂纳多父亲的名字是Guilielmo（即英文名William，威廉）。所以这句话的意思可能是"波那契家族的孩子"。1838年，意大利历史学家威廉·里布里将"波那契之子"的名号缩短为"斐波那契"，于是这个名字就流传了下来。

旅行拓宽视野

威廉是商业城邦比萨城里有头有脸的商人。当时比萨城在地中海地区地位显赫，对国际贸易的快速增长起到了极大的推动作用。贸易的增长改变了中世纪的欧洲，也使得多种文化能够亲密接触。威廉被派到北非的港口城市布吉亚（现在阿尔及利亚的贝贾亚）当贸易代表和海关官员，他带上了儿子莱昂纳多。于是斐波那契就开始了他的异域学习之旅，他接触到了最先进的伊斯兰数学。根据他的描述："当我父亲被他的城邦任命为布吉亚海关的公证员，代表从比萨城去布吉亚的商人们时，我还是个孩子。他把我召到他那里去，为的是便于照看我和获取今后的便利。他希望我留在那里，接受会计学校的教育。在那里，在出色的教育之下，我接触到了印度9个符号的艺术。这门艺术很快就深得我心，我开始理解它，在埃及、叙利亚、希腊、西西里半岛和普罗旺斯学到的艺术都是它众多的形式而已。"

不论旅行到何地，斐波那契都会看见阿拉伯商人用十进位值制系统和印度-阿拉伯数字进行计算。他意识到，比起风行欧洲的算盘计算，并使用罗马数字记录结果，这套系统有着极大的优越性。回到比萨城之后，斐波那契把他所学到的知识记录在纸上，于1202年写成了他的第一部巨作《计算之书》。现在这本书被认为是将印度-阿拉伯

比萨城里斐波那契的雕像。

数字引入西方的学术著作，其中还介绍了如何用这些数字进行加减乘除运算。

不过《计算之书》可能不如他的《小方法》有影响。《小方法》这本书篇幅更少，更容易理解，尽管没有流传下来，但是当时可能在商人之间广泛流传。

事实上，斐波那契并不是第一个试图在欧洲推广印度–阿拉伯数字系统的人。然而由于存在着两种派系：算盘派（用算盘计算结果并用罗马数字记录结果）和算术派（直接用新的数字计算），新系统的推广一直不是很顺利。《计算之书》也没能改变这种状况。当时的人们也存在着对这种新的陌生数字的抵触，能够阅读罗马数字的人并不介意被这种新的系统排除在外。中世纪时商人们的账本都使用罗马数字，这意味着他们坚定地站在算盘派一边。同时也存在来自官方的抵触：1299年佛罗伦萨城的法令明确禁止金融交易者使用阿拉伯数字。直到14世纪

中世纪时的比萨大教堂和比萨斜塔。

初算术派才终于开始占据上风。

斐波那契数列

《计算之书》中包含了大量的例题，既有商人和会计们日常会遇到的案例，也有更为高深的问题。这本书的第三部分中有一个问题，成了斐波那契最著名的精神遗产："某人把一对兔子放进四面都是墙的屋子里。如果每对兔子每个月都会生下一对小兔子，并且下个月小兔子就可以再繁殖，那么这对兔子一年之后能繁育出多少只兔子？"

斐波那契给出的答案被称为斐波那契数列，尽管印度数学家几百年前就给出了这个数列：1，1，2，3，5，8，13，21，34，55…。这个数列中的每一项都是之前两项的和。斐波那契数列常见于数学、科学和自然

界各处（见第122页）。

用代数方法描述这个兔子繁殖问题就可以得到生成斐波那契数列的公式。假设 n 个月后有 x_n 只兔子，那么下个月（$n+1$ 月）就有这么多只兔子再加上新繁殖出来的兔子。由于能繁殖的兔子至少要有一个月大，因此新繁殖出了 x_{n-1} 只兔子，于是得到 $x_{n+1}=x_n+x_{n-1}$。这就得到了斐波那契数列的公式。

奉皇帝之命

兔子繁殖问题可能是斐波那契在一次比赛或者挑战中遇到的。他在1225年遭遇了一次挑战，当时神圣罗马帝国皇帝弗雷德里克二世驻跸比萨城，斐波那契在宫廷中被引见给了皇帝。巴勒莫的约翰内斯是弗雷德里克二世朝廷中的一员，他给斐波那契出了一些题。斐波那契对其中一些题目的解法被收录在1225年他的第三本书《花》中。其中之一是他对伊斯兰数学家、天文学家以及业余诗人奥马尔·海亚姆提出的三次方程：$x^3+2x^2+10x=20$ 的求解过程。

斐波那契使用了古巴比伦人的六十进制系统（见第36~37页）计算出了他的结果：1，22，7，42，33，4，40。也可以像本页下面的公式那样来表示。

在十进制中（斐波那契很想推广十进制，但他没有在这个例子中使用十进制），这个答案等于1.368 808 107 5。这个答案到小数点后第9位为止都是正确的。现在还不知道斐波那契是怎么求出来的，但是直到300年后才有人可以求出相同精度的答案。

《平方之书》

在写《花》的同年，斐波那契同时也在写《平方之书》。这是一本关于数论的著作，被数学史学家认为是斐波那契最重要的著作。在这本书中，斐波那契叙述了他是如何发现奇数求和可以得到平方数这条定理的："我思考了所有平方数的起源，发现它们都是由奇数组成的。1是第一个平方数，加上3得到第二个平方数，也就是4，它的平方根是2；加上5得到第三个平方数9，它的平方根是3。这个数列只要按照规律加奇数就可以不断得到平方数。"这段文字给出了构造平方数的公式：$n^2+(2n+1)=(n+1)^2$。

$$1+\frac{22}{60}+\frac{22}{60^2}+\frac{7}{60^3}+\frac{42}{60^4}+\frac{33}{60^5}+\frac{40}{60^6}$$

斐波那契求出的三次方程的解，这里是用现代写法表示的古巴比伦记数法。

满足斐波那契数列
规律的兔子。

他进而给出了构造毕达哥拉斯三元组的方法。毕达哥拉斯三元组是一组3个正整数（a、b和c），并且满足$a^2+b^2=c^2$。斐波那契这样描述他的方法："我希望找到两个平方数的和仍然是个平方数，我先随意找一个奇平方数，然后把小于这个数的奇数全部加起来得到另一个平方数。比如说我选定的奇平方数是9，那么我把小于9的奇数1、3、5、7加起来，得到16，也是一个平方数。而9加上16等于25，仍然是一个平方数。"

斐波那契自1228年之后就从历史记录中消失了，除了一份文件：1240年，比萨共和国颁布政令，为"严谨博学的莱昂纳多·毕格罗大师提供一份奖励性的薪水"（"毕格罗"意为"旅行者"，指的可能是斐波那契早年的生活）。似乎他一直居住在比萨城，为商人和银行家提供会计学方面的建议，并教授数学。据信他于1250年去世。

黄金比例

欧几里得在他的《几何原本》中，讨论了一根线段分为两段后，两线段之间的一种比例关系，教读者"把一根线段分为两段，使得长短线段长度之比等于整根线段与较长线段长度之比"。如果你把整根线段的长度记为1，那么欧几里得要你求出长度x，使得1和x的比等于x和（$1-x$）的比。

用代数语言来说，可以表述成$1/x = x/(1-x)$。这个等式可以转化为二次方程：$x^2+x-1=0$。这个方程的正根是$(\sqrt{5}-1)/2$，约等于0.618 033 9…。这里取近似数是因为这个数是无理数，因而有无穷多位。这个比例现在被称为黄金比例，也叫黄金分割或是神圣比例。这个比例用大写的希腊字母Φ（Phi）来表示。小写的希腊字母φ则被用来表示它的倒数，$\varphi = 1/\Phi = 0.618\ 034\cdots$。因此，实际上欧几里得所求的答案就是Φ或是$1/\Phi$，也就是黄金比例。如你所见，这两个数字有着特殊的关

建筑大师柯布西耶设计的马赛公寓大楼，里面运用到了黄金比例。

系：$\Phi = 1/\Phi - 1$。

斐波那契数和黄金比例

令人震惊的巧合是，斐波那契数列（1，1，2，3，5，8，13，21，34，55…）中，每一项和前一项的比例趋近于黄金比例：

$1/1 = 1$，$2/1 = 2$，$3/2 = 1.5$，$5/3 = 1.666\cdots$，$13/8 = 1.625$；$21/13 = 1.615\ 384\cdots$，$34/21 = 1.619\ 047\cdots$

如果这些数字被绘制在图表中，数值

会趋近于一个极限：黄金比例Φ＝1.618 034…。

　　斐波那契数列中存在的黄金比例使得这个数列和黄金比例的许多迷思联系在一起。这种联系中的大部分内容都是错的，但是斐波那契螺旋（以连续的斐波那契数为边长的正方形构造出来的螺旋）确实是以非常接近黄金比例的固定角度旋转的。因此这个螺旋也被称为黄金螺旋。

黄金螺旋——以黄金角度旋转的螺旋，即以连续的斐波那契数为边长的正方形构造出来的曲线。

黄金迷思

　　通常认为，黄金比例在世界各地被人们从自然和美术/建筑领域发掘了出来。前者基本正确（见第122页），但是后者只是迷思而已，最多算是推测。比如说，有种说法认为金字塔的尺寸和帕特农神庙中包含了黄金比例。还有一种说法，黄金矩形（就是长短边之比为Φ的矩形）有着最令人愉悦的外观比例，因此应当被用作银幕和相框的比例。更有一种说法，达·芬奇、修拉以及其他艺术家特意在他们的画作中运用了黄金比例。

　　这些关于所谓"最愉悦的比例"的说法都是错误的，关于金字塔和帕特农神庙的比例的说法也都是臆断，因为这些建筑最初的尺寸早已不可测得。类似地，关于达·芬奇和其他艺术家的画作的说法也比推测强不了太多。有些关于黄金比例明显的例证，事实上是在寻找测度平均数过程中创造出来的，这样的平均数总是趋近于黄金比例的。有趣的是，有些现代消费品确实体现出黄金比例，信用卡大概是我们最熟悉的例子了。

黄金比例的图例，黄金比例就是图中长线段与短线段的比例。这个比例等于整条线段和长线段的比例。

信用卡的长短边之比几乎构造出了完美的黄金矩形。

自然界中的数学

斐波那契数列和黄金比例尤其引人入胜，是因为它们表现了自然界的一些基础规律。这在自然界的许多方面都有所体现，从一只蜜蜂祖先的数量，到向日葵花朵上螺旋的数目，再到雏菊上花瓣的数目。

家谱

最早用数学眼光检视自然界的正是斐波那契关于兔子数目的研究（见第117页）。斐波那契的例子精确得有些不现实，但是他发现的关系却是成立的。英国解谜爱好者亨利·E.杜德尼想出了一个更切合实际的斐波那契兔子问题。他把兔子换成牛（同时用年替代了月）："如果一头母牛两岁时能产下第一头小母牛，并且每年生育一头小母牛，那么12年后一共有多少头小母牛？假设这些牛都不会死。"每年母牛的数量符合斐波那契数列：1，1，2，3，5，8，13，21，34，55…，12年后，总共有144头牛。

斐波那契数列在蜜蜂的例子里再次出现。蜜蜂有着独特的繁衍方式：雌性蜜蜂有一对父母，但是雄蜂（工蜂）只有一个母亲。这意味着雌性蜜蜂有3只祖辈蜜蜂，而雄性只有2只。雌性蜜蜂有5只曾祖辈蜜蜂，雄性只有3只。倒推一只蜜蜂的先祖数目就能得到斐波那契数列。雌性是2，3，5，8，13…，雄性则是1，2，3，5，8。

花瓣、种子与螺旋

许多种花的花瓣数目是一个斐波那契数。比如说，百合花和鸢尾花有3瓣，而金凤花和玫瑰则有5瓣；飞燕草有8瓣；狗舌草有13瓣；翠菊和菊苣有21瓣；车前草和除虫菊有34瓣；紫菀有55瓣或89瓣。

斐波那契数也存在于许多植物的螺旋数目中，包括向日葵的花盘、菠萝以及松果中。举例来说，如果你从底部观察一只松果，你会看到顺时针方向和逆时针方向的螺旋。具体来说，顺时针的螺旋有8条，而逆时针的螺旋有13条，这是两个相邻的斐波那契数。这并不是巧合，这是为了在容纳最大数目细胞（或是花瓣和种子）的同时，既不过于拥挤，又不留出空隙的结果。

花朵通常有斐波那契数片花瓣，这里是一朵5瓣的金凤花。

向日葵的花盘中有斐波那契数条螺旋线。

斐波那契数条螺旋线能在可用的空间里包含最多的细胞。

这是怎么做到的呢？生成一条螺旋的细胞的过程是这样的：生成一个细胞，旋转一次；再生成一个细胞，再旋转一次；以此往复。

那么需要多少次旋转才能形成空间利用效率最高的排列呢？也就是在间隔空间最小的情况下如何排入数目最多的细胞呢？如果一个新的细胞形成了，但是没有旋转或是转了一整圈（实际上是同样的效果），这样就会生成排成一条直线的细胞，也就是只有一条延展臂的螺旋线。如果每半圈生成一个细胞（或者多于半圈），那么最终还是会得到排成一条直线的细胞，因为这样就会有两条伸展臂，方向相反。如果每$\frac{1}{4}$圈生成一个细胞，那么就会形成4条伸展臂，呈十字状

排列。任何简单分数，例如$\frac{1}{3}$或者$\frac{1}{7}$，都会得到一条有着相应伸展臂（3或者7）的螺旋线。事实是，空间利用率最高的排列方法是每0.618…圈（或者是0.382…圈，也就是1−0.618…）生成一个细胞，正是黄金比例Φ。简单分数会生成一种规律图案，但导致了空隙的产生。而一个复杂分数，或者更进一步，一个Φ这样的无理数，会最大限度地节约空间。Φ对应的角度是222.5°（对应着0.618…圈）或者是137.5°（对应着0.382…圈），这个角度称作黄金角度。黄金角度就会产生斐波那契数条螺旋线；比如向日葵的花盘上有34条逆时针方向的螺旋线和55条顺时针方向的螺旋线，这两个数正是相邻的斐波那契数。

鹦鹉螺迷思

自然界中最常见的表现出斐波那契数列和黄金角度的是鹦鹉螺的壳。鹦鹉螺是一种海洋中的软体动物，它会在壳内以一定角度的螺旋形成腔室，非常类似于斐波那契数或者是黄金螺旋。然而，实际情况是，鹦鹉螺壳中螺旋的角度并不是黄金角度，所以这个假设中的关联是不成立的。

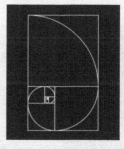

与大众的迷思正相反，鹦鹉螺中的曲线并不是黄金螺旋。

文艺复兴时期的数学与科学革命

在欧洲文艺复兴时期，现代数学开始成型，这一时期取得了超越古希腊、中世纪伊斯兰和印度数学家们的成就，发展出了更好的数学符号和计算工具，因此造就了更加复杂的数学研究成果。数学与其他学科携手共进，数学是科学革命的核心，引领了微积分学、分析地质学和概率论的发展。

人类第一幅详细的月球草图，作者是伽利略，他在1609年从自己的望远镜中观察月球时，画下了这份草图。像伽利略这样的数学家掀起了科学革命，他们手中的主要工具就是数学。

欧洲文艺复兴

文艺复兴运动在14世纪从意大利萌发，逐渐扩散至欧洲全境。文艺复兴运动的主旨是古典学术研究的重生，它影响了今天我们文化的方方面面：艺术、自然哲学、古典文化、翻译、力学、工程学、测量学、制图学和勘探学，这些现在被认为是毫不相关甚至对立的领域，在当时被认为是有关联且互相依赖的。数学与这些文化领域都有着紧密无间的联系——从油画的绘画技巧到防御工事的设计、从航海导航到勘探活动。

一个典型的例子就是数学在解释线性透视原则中的作用。意大利艺术家、作家兼历史学家乔治奥·瓦萨里在他的经典著作《绘画、雕塑、建筑大师传》（1550年出版）中，特别提到了许多文艺复兴时期的画家都拥有丰富的几何知识，从布鲁内莱斯基到多纳泰罗、从马萨乔到阿尔伯蒂都学习过透视理论。皮耶罗·德拉·弗朗切斯卡在1480年左右写过一本著作《绘画透视法》，而拉斐尔和莱昂纳多·达·芬奇也都学习过透视法。达·芬奇向帕乔利学习透视法，后者在他1494年出版的《算术、几何、比及比例概要》中加入了讨论透视学的一章，该书阐述了比例和黄金分割的理论，并由达·芬奇绘制了配图（见第114页）。

人形计算机

工程学和艺术一样，都是文艺复兴运动的一部分，而社会对工程师的需求推动了三角函数的发展（见第102页）。由于计算的不断复杂化，一代代数学家所列出的三角函数值表格都需要巨大的计算量。例如，1596年出版的《帕拉丁的研究》中列出了全部6种三角函数的值，精确到小数点后10位，而德国数学家巴托洛梅乌斯·皮蒂斯楚斯在

卡巴乔的《圣斯蒂芬的争论》，1514年，凸显出强烈的透视感。

其1613年出版的著作中精确到了小数点后15位。

这些计算的成果令这些函数值表格汇总在一起，衍生出了新的数学分支。弗朗索瓦·韦达（1540—1603年），一位在法国国王亨利四世的法庭中工作的律师，解出了比利时数学家阿德里安·范·罗门在1593年发布的公开挑战问题的答案，他解出了45次方的等式（即等式中包含了x^{45}）。韦达也是第一批用字母代表数字的数学家之一，拓展了代数学的领域。他还将π的值计算到了小

幻方

文艺复兴运动期间人们对数学进行了重新研究，诞生了该时期最非凡的作品之一——德国艺术家阿尔布雷希特·丢勒在1514年所雕刻的版画《梅伦可利亚I》。版画中有一个四阶的方形图案，有数条对称轴，有时它也被称作超级幻方。（一个幻方的阶次是指每个方形上有多少个数字，也就是说，一个三阶的幻方每一边有3个数字，一个四阶的幻方每一边有4个数字，以此类推。）不仅仅是每一行、每一列、每一条对角线上的数字之和皆为34，还有很多4个数字的组合相加都能得到同样的结果。这个神奇的数学构造是从哪儿来的呢？它为何会如此神奇？幻方的起源地应该是中国——最早的记载可以追溯至公元1世纪，但根据传说记载，第一个被大禹发现的幻方存在于公元前2200年。传说大禹在黄河边上走时，看见了一只神龟，龟背上刻着一个幻方。他将这个幻方命名为"洛书"。龟背上的花纹是由黑色和白色的点组成的，正好与一个三阶幻方相同，每一行、每一列和每一条对角线上的数字相加都等于15，每个对角上的两个数字之和为10。

幻方从古代中国传到了印度，又从印度传到了伊斯兰世界，之后是整个欧洲。幻方这个非同寻常的数学构造与它超自然的起源传说令其和魔法联系了起来，使它成了魔法道具般的东西。例如，在6世纪的印度，就有将幻方用于神圣焚香上的书面记载；到了10世纪，印度的医学著作中也提到幻方可以减轻妇女分娩时的痛苦。在伊斯兰世界，幻方被占星术士用来进行占卜；当它们被传到欧洲时，它们被当作野心勃勃的魔术师的秘术之一，与神秘哲学、炼金术和数字密码齐名。

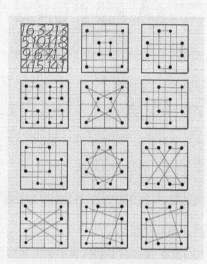

丢勒的超级幻方，其中各种组合的数字之和皆为34。

数点后第9位，并指出它是一个无穷小数。在那不久之后，荷兰代尔夫特市的一位剑术教练将π的值算到了小数点后第35位。

小数本身被西蒙·斯蒂文（1548—1620年）推广普及，他曾经是弗兰德地区的一位簿记员，后来投身军队做了工程师。在他1585年出版的图书《十分之一》中，他使用了一个小圆圈代表小数点，而韦达使用了很多其他方法表示小数，包括将小数写成上标和在小数下加下画线，用竖线分隔并将整数加粗，等等。此外，斯蒂文还发明了一艘沙滩艇，先于伽利略发现不同质量的物体以同一速度自由下落最终同时落地的结果，并使用了符号+、−和$\sqrt{\ }$。

三次方问题

卢卡·帕乔利在1494年出版的《算术、几何、比及比例概要》中，对求解三次方程（即含有立方的等式，有3种可能的形式：$x^3+ax=b$，$x^3+b=ax$，或$x^3=ax+b$）作了一个评价。他认为，这是一个不可能的任务，就像要将圆形挤成方形一样（见第27页和第68页）。

巨人们的数学

文艺复兴时期的数学研究之所以能够大放异彩，是因为当时的人们想要超越古典数学和伊斯兰数学的成就。这些数学研究的爆发原点就在15世纪中期的博洛尼亚大学。在这里，数学家们进行了引人瞩目的公开比赛，胜者将得到财富和荣誉。第一个突破是希皮奥内·德尔·费罗解出了三次方程，据说他想出了求解三次方程的一种，甚至可能是全部3种方法。然而，在15世纪充满竞争的数学氛围中，这种能力被认为是一种珍贵的法宝，在竞赛中要有所保留，所以希皮奥内对解法秘而不宣。实际上，当他1526年去世时，只有几个人知道他研究出了解法，其中之一就是他的助手安东尼奥·马里亚·菲尔。然而，希皮奥内只传授了菲尔一个等式的解法："未知数与立方之和等于数字"，按现代数学的表达式写作$ax+x^3=b$。与此同时，另一位数学家塔尔塔利亚也独自发现了这个式子的解法。

口吃者

尼科洛·丰坦纳也被叫作塔尔塔利亚（1500—1557年），是一位贫穷的意大利数学家。1512年法国军队在他的家乡布雷西亚烧杀抢掠时，他被军刀砍中了嘴巴和上颌，这令他落下了口吃的毛病，也让他得到了"塔尔塔利亚"（意为"口吃者"）的外号。他克服了旧伤和贫穷的窘境，自学数学并成了一位教师。他是一位惊才绝艳的数学家，但非常傲慢自大，因而树敌颇多。

塔尔塔利亚撰写和翻译了几本重要的著作，包括欧几里得著作的第一本意大利语译本，他更正了其中的几个重要错误，这几个错误之前曾令该书的阿拉伯语译本得不到用武之地。他还撰写了一部有关弹道学的书，其中包含了第一个炮兵发射数据表格，领先了当时的学界数十年，并早于伽利略预计到自由落体的实验结果（见第142～143页）。但直到在数学竞赛中获胜，塔尔塔利亚才声名远扬。1535年他与菲尔在博洛尼亚大学进行的一场竞赛中，就遇到了著名的三次方程问题。

竞赛的形式是每一位竞赛者都给另一位提出30个问题，他们都有40到50天的时间来求解。塔尔塔利亚所提的问题涵盖了很多方面，但菲尔提出了"未知数与立方之和等于数字"的三次方程问题，他深信只有他知道求解的方法。在比赛开始的8天前，他想的没错，但塔尔塔利亚的运气和灵感令他取得了突破，获得了三次方程的全部3种解法。在比赛中，他仅仅用了两小时就解出了菲尔的问题，成了赢家。

秘密解法

塔尔塔利亚这位冉冉上升的新星吸引了吉罗拉莫·卡尔达诺（也被叫作卡当诺）的注意。卡当诺（1501—1576年）是当时最伟大的学者之一，是一位享有盛誉的物理学家和数学家。他嗜好赌博，树敌的数量与塔尔塔利亚不相上下。他自己也承认："我认识到这是我很独特而突出的缺点——我一直以来的这个嗜好，这是最让我的听众们不满的事情。我很清楚这一点，但我还是要坚持这个嗜好，不管它会为我带来多少敌人。"

卡当诺写信给塔尔塔利亚询问三次方程的秘密解法，但他遭到了斩钉截铁的拒绝："如果我准备发表自己的成果，我会发表在自己的作品而不是别人的作品中，请阁下见谅。"1539年，卡当诺以介绍塔尔塔利亚认识一位富有的赞助人为借口，将他骗

这幅肖像画描绘了卢卡·帕乔利教导学生的场景，他使用了一块黑板和其他工具，包括一个十二面体模型。

去米兰参加一个会议，最终说服了他告诉自己秘密解法，他发誓说自己会将这个秘密带入坟墓，并会用密码记录求解方法，这样就连他的继承人都无法得到这个解法。塔尔塔利亚为了更加保险，将这个解法写成了一首诗。

卡当诺和他的助手费拉里立刻开始改进塔尔塔利亚的解法并拓展其应用范围，费拉里甚至成功地将其应用在四次方程（包含x^4的等式）上。古希腊人相信代数只能用在几何学上，所以平方即表示面积，而立方即表示体积。在这种参照系下，四次方被认为是没有意义的，因为他们不相信有四维的空间存在。而现在，不可思议的难题被解决了。

1572年的米兰地图，源自乔治·布劳恩和弗朗茨·霍根伯格所著的《寰宇地图》。

欺骗和阴谋

1543年，卡当诺又得知了希皮奥内·德尔·费罗的研究成果，他认为塔尔塔利亚的秘密解法并非独此一家，于是他认为自己可以不用遵守当年的保密誓言了。在1545年，他的书《伟大艺术》出版，这是数学领域的一个里程碑式的成就。书中讨论了三次方程和四次方程的解法，保留了塔尔塔利亚应得的名誉。但塔尔塔利亚怒不可遏并与之进行了一场万众瞩目的辩论，费拉里为自己的导师辩护："你声名狼藉，还指控卡当诺对数学一无所知，你说他没有文化、头脑简单、身份地位低下、言语粗鄙，还有诸如此类许多冒犯的言辞，我不再赘述。我导师的卓越成就由他的高贵身份保护，且因为导师我才有今天，我要担起责任，让你的声名一败涂地。"

1548年，塔尔塔利亚意识到，他要想在布雷西亚申请一个收入可观的教师职位，就必须和费拉里公开对峙，证明自己在数学

上的成就，于是两人的公开辩论在米兰举行。然而在第一天的辩论后，塔尔塔利亚意识到这个年轻的学者比他的能力更强，他含恨离开了那座城市。这次丢脸的失败对他的职业生涯产生了长久的影响，而更在伤口上撒盐的事情是，三次方程的解法逐渐被人们称为卡当诺法。

负数和虚数

卡当诺三次方程解法的著名之处在于同时使用了负数和虚数。负数在很长一段时间内对于数学家们来说都是难题，他们中的大部分人都认为负数是没有意义的，或只是在辩论中才会加以设想。古希腊人通过几何学来避开这个问题——他们所有的数学问题都与长度、面积等几何概念有关，而这些都是

正数。印度数学家婆罗摩笈多确定了负数运算的规则（见第87~88页），但他将负数称为"债务"。花剌子米（见第104页）想要继续婆罗摩笈多的研究，将负数用在求解方程上，但古希腊人根深蒂固的几何思想最终令他相信负数终究是没有意义的。帕乔利也讨论过负数，但也只是在记账时作为债务出现。虽然当时的人们已经明白，二次和四次方程有正数解和负数解（比如方程$x^2=4$，x的值可以是2或是-2），但还没有人想过要运用负数求解方程。更加令数学家们困扰的是，类似于这样的写法显然是没有意义的。因为一个负数必须乘上另一个负数才能得到正数，一个负数和本身相乘（即平方）后是不可能得到一个负数的，所以负数的平方根是无法求解的。

现在这样的数被称为虚数，数学家们后来明白，它们在复杂运算中，例如求解复杂方程时是必不可少的，它们在电子工程中确定交流电的振幅时也非常有用。

卡当诺在《伟大艺术》一书中遇到的问题之一是含有$\sqrt{-15}$的公式的解，虽然他将这样的数称为"虚拟数"，他依然能够进行虚数计算，因为他遇到的是乘法：$\left(5-\sqrt{-15}\right)\left(5+\sqrt{-15}\right)$。将括号内的项相乘之后，就可以将虚数约去，得到$25-(-15)=25+15=40$。

卡当诺（和费拉里）对虚数的成功运

塔尔塔利亚《各种问题与发明》一书的卷首插图，他在其中叙述了与卡当诺之间的争执。

用，打开了通往另一类数的大门：复数。复数是一种将实数和虚数结合在一起的数，所有的复数都可以写成$a+bi$的形式，其中a和b是实数，而是虚数，例如$\sqrt{-1}$。

女王的魔术师：约翰·迪伊

约翰·迪伊（1527—1609年）在现今看来是都铎王朝的一位魔术师，自维多利亚时代以来就以他与天使们的对话而闻名。他似乎不应该出现在数学图书中，然而数学是他在学术上的第一个爱好，也是他人生的指引之光，他撰写了一些有关数学的重要图书。

迪伊是英国文艺复兴时期的重要人物，他的数学研究工作是他对秘术追求的一部分——的确，在那个时代，数学和秘术被认为是同样的东西。据记载，迪伊本人曾经被指控进行了"下流而无用的计算和魔法"。虽然他并没有取得什么数学上的突破，但他将数学从理论应用到了实际之中，并由此改变了当时的世界，例如他将数学运用在机械和导航中，引领人们进入了新的技术世界——这就是科学革命及其后续工业革命的开端。

迪伊博士的巨大飞行屎壳郎

迪伊的父亲是一位皇家官员和衣饰商人，所以迪伊受到了良好的教育，进入了剑桥大学读书。他自称每天学习18小时，只留下4小时睡觉，2小时做其他事情。他特别喜欢将数学当作哲学研究的工具，也喜欢将数学运用到实际生活中。1547年，他为阿里斯托芬的戏剧《和平》制造了一个神奇的舞台道具，从此打响了自己作为魔术师和秘术大师的名头。他运用了一种自称为"奇术"的技术（在今天这个词一般指的是"魔术"，但对迪伊来说，它的意思是"一种数学艺术，按照某种规律制作能被人们理解、且令人惊奇的奇异的东西"），制造了一台巨大的

IOHANNES DEE,
Londinensis.
Mathematicus Anglorum Celeberrimus
et Socius Collegii Trin Cambriensis.
Nat. A.1527. 13. Julii. Den. A. 1608
Ex collectione Friderici Roth-Scholtzii

约翰·迪伊博士和导航仪。

制的经线和纬线测绘地图的人之一，也是第一批在自己的地图中整合了关于新大陆的信息的人之一）。后来迪伊就是在那里写下了"整个哲学系统……第一次扎下了最深的树根"。之后他在巴黎开设了一系列数学讲座，他自认在当时引起了轰动。

1551年，迪伊回到了英国，向年轻的爱德华六世展示了他的一些作品，包括一个天体尺寸和

机械飞行屎壳郎。这台后来被称为"阿里斯托芬的圣甲虫"的奇迹般的人造机械，在高潮的一幕中驮着主演飞上了大厅的天花板。

迪伊求知若渴，希望精通欧洲所有的学术知识。在1548年，他读完了剑桥开设的所有课程后，去了荷兰南部（现在的比利时）并在鲁汶大学继续学习。当时，鲁汶大学位于应用数学的最前沿，涉及的领域有制图学、天文学和占星学。迪伊和其中的领军人物交上了朋友，比如杰拉杜斯·麦卡托（麦卡托投影法的发明者，第一批尝试用精确绘

距离的模型。到了1553年时，他已经是一位声望颇高的智者，被列入了国家学者纵览中，其中他被描述为"天文学大师"，然而，当爱德华六世去世，而他的姐姐、信仰天主教的玛丽即位时，迪伊作为反对者陷入了危险境地。1555年，他以"计算罪"被逮捕，这在当时相当于巫术指控。根据一个多世纪后传记作者约翰·奥布里的记载，当时的当权者"将数学书当作巫术图书烧毁了"。

迪伊1564年的书《摩纳德秘文》的卷首插图。

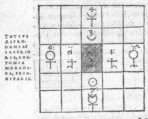

迪伊在书中介绍了他所创造的一个叫摩纳德的符号及其背后蕴含的秘传知识，这个符号在书页的上方出现。

幸运星

　　1558年玛丽一世去世，伊丽莎白一世继承了王位，预示着迪伊的命运将发生戏剧化的剧变。他搬进了他母亲位于摩特雷克的房子，收藏了巨量的图书，并建立了一个炼金术实验室。他从数学角度对天文学的研究受到了国王的青睐，伊丽莎白一世要求他为自己计算加冕的日期。此后，他亲自教导她学习自己的数学著作，即1568年发表的《真理导论》。1570年，他编撰了欧几里得《元素》一书的英译版，并为该书写下了著名的《数学序言》，对数学的价值做了清晰的表述："适宜诱人且引人入胜，令人情不自禁投身于这门科学，它是那么古老、那么纯粹、那么卓越，它环绕着所有的生物，为至高无上且不可

思议的造物主所用，体现在所有独特的生物中，体现在生物们所有独一无二的部分、性质、本能、品德中，造物主根据规则以及最绝对的数字，将它们从虚无创造成形。"

　　1572年，一颗新星出现在天穹中（也就是现今人们所知的第谷超新星"SN1572"）。迪伊和他的助手托马斯·迪格斯与布拉赫合作，对这颗超新星做了准确的观测。在1573年出版的《视差法运用》一书中，迪伊阐述了如何使用三角函数来计算从地球到超新星的距离。迪伊认为，宇宙并不像当时占主流的托勒密宇宙论所坚称的那样，是围绕着地球的一系列水晶球体，而是以地球为核心无限扩张的，迪格斯在此后将迪伊革命性的新想法发扬光

Heliocantháris (qui ita certis Temporùm Curriculis latirando viuũt) Vtilissimam artè discere: Quibus, iam licèt nõ faciant ipsi, essèt tamen longè gratissimũ, suis Indoctis & Signis, de suo Inimico, Vindictam sumi posse. Et hic (O Rex) non Aesopum conari me vt agam, Sed Oedipum, Faterentur, si adessent, Illi, quorum Mentes, ita de Naturæ Summis Fabulari Mysterijs, primò subluit. Esse profectò quosdam noui, qui Scarabei Artificio, Si habérent Dissolvtvm Aqvilinvm ovvm, Calcem eiusdem, cum Albumine puro, totoque Temperarent primò. Deinde illud Temperamentvm, Vitelli liquore totò, artificiosô ordine, oblinirent: voluendo, reuoluendoque. Vt Scarabei suas conglomerant Pilas. Ita, magna fieret Ovi Memamóiphosis: Iam scilicet disparête, & quasi inuoluto Albvma n ipso (illis multis, yeluti Helicis Reuolutionibus factis) in ipso Vitellinoso liqvore. Cuius Artificij, tale Hieroglyphicum signũ, Natvræ haud displicebit Oecconomis. Sæculis prioribus, multùm, esse & grauissimis, & Antiquissimis, celebratũ Philosophis, tale Artificium, legimus: certissimum & vtilissimum, Anaxagoras certè, ex hoc Magisterio, excellentissimam, Pòst, fecit Medicinam: vt in suo, περὶ τῆς μορφῶσι, Φυσικῆς τῶν li-

E 2

据传该书是迪伊在一种神秘状态下仅用12天写成的，他声称这本书是解开宇宙奥秘的关键。

大。迪伊也支持哥白尼日心说。

完美的导航术

除了天文学和占星术以外，迪伊还将数学运用到了导航和测绘领域。正如新行星的发现撼动了古典天文理论并开启了探索真理的新领域一样，新大陆的发现也打开了科学和殖民贸易的新世界。数学将是这场冒险的关键工具。

1555年迪伊受雇于莫斯科威公司，这是一家由探险家塞巴斯蒂安·卡伯特创立的贸易公司，他们在北美洲进行探险活动并扩大英国的影响力。迪伊运用他从麦卡托那儿学来的知识绘制了地图，并教导公司的冒险家们学习几何、导航和天文学知识。与此同时，他开始为英国外交政策的新方向设计哲学上的指导方针，目标是在新大陆占有一席之地，并建立一个大英帝国（这是迪伊在1577年出版的《完美的导航术导论》中所创造的词语）。

对　数

对数是倒转后的指数，举个例子来说，$2^3=8$可以被描述为"以2为底的3次方等于8"，倒转后就可以被描述为"以2为底8的对数等于3，或$\log_2 8=3$。

$\log_2 8$中的"8"被称为"真数"，一个对数也可以被描述为"底数的多少次方等于真数"的答案。在上述的例子中，底数2只有自乘3次之后才能得到真数8。用更加通俗的讲法，如果$a^x=y$，那么$\log_a y=x$。对数就是由a要得到y，a必须自乘的次数x。

最有用的算术

对数在数学及相关学科的历史中占有非常重要的地位，因为它们改变了耗时耗力的计算过程，在便携式计算器出现之前，就为其打下了基础。在一所当代大学的网站上，对数被描述为"在所有科学中，也许是最有用的一个算法概念"。法国天文学家、数学家皮埃尔-西蒙·拉普拉斯（1749—1827年）盛赞对数的发明令天文学家们的寿命延长了一倍，因为它将他们的工作量减少了一半。

对数的发明源自于人们想要将乘法和除法变得像加法和减法一样简单，这在算术级数与几何级数相一致时是可能的。最简单的例子是自然数之间的联系，以及2的自乘。在对页的表格中，下方列着2自乘的积，而上方列出的就是要得到下方的积所需的2自乘的次数（请注意任何数的0次方都是1）。

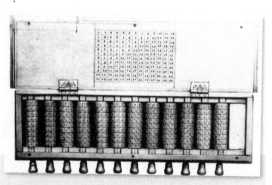

这个版本的"纳皮尔的骨头"采用的是一个盒子里可以转动的许多柱子。

纳皮尔的骨头

约翰·纳皮尔用圆柱制造了一个计算工具，这些圆柱可以根据需要将相乘的数字排列在一起。将圆柱上所刻斜线下的数字相加即可得到所需的乘积。这些圆柱通常都是木质的，但也有比较昂贵的象牙、牛角或骨质的版本，所以它们也被人们称为"纳皮尔的骨头"。虽然并没有运用对数，但纳皮尔的骨头预示了计算工具的出现，包括由英国数学家威廉·奥特雷德在1632年发明的滑尺。

0	1	2	3	4	5	6	7	8	9	10
1	2	4	8	16	32	64	128	256	512	1024

上面的表格中上方是算术级数而下方是几何级数，心算16乘以64还是挺难的，但请记住将同样底数的数字相乘时，你只需要将指数相加即可（见第60页），例如 $a^x \times a^y = a^{x+y}$。如此一来，你可以利用这张表格来查找16和64的对应指数，将其相加并找到对应的结果。于是我们查到了4（16对应的指数）+6（64对应的指数），结果对应的是1024，由此无需做任何乘法就可得知16×64=1024。

纳皮尔的神奇算法

苏格兰数学家约翰·纳皮尔（1550—1617年）在1614年发表的论文《神奇的对数学详解》中，对将几何级数与算术级数联系起来的原则作了细致的阐述。他将两个希腊词语"logos"（"比例"）和"arithmos"（"数字"）结合起来，创造了新词"logarithm"（"比例–数字"）。在伦敦数学家亨利·布里格斯的帮助下，纳皮尔设计了一张以10为底数的对数表辅助计算，这就是现在人们所知的log$_{10}$，或者叫常用对数。布里格斯在1624年发表了常用对数表，但独立研究发现对数的瑞士数学家约斯特·比尔吉早在1620年就发表了类似的表格。为了进行复杂的连乘运算，使用者只需要查出所需数值的对应对数，将它们相加后，再查出所得的和对应的真数，就能找到它们最初连乘运算的积。对除法来说，则是用一个对数减去另一个对数，然后找出其差的真数。对数也能简化平方、立方、平方根和立方根的计算。计算一个数字的平方时，查出它的对数，将对数乘以2，然后查出其真数。计算一个数字的立方根时，将其对数除以3，然后再查出其真数即可。

苏格兰地主约翰·纳皮尔是爱丁堡的领主，他在数学上的成就令他获得了"神奇爱丁堡主"的美誉。

纳皮尔的其他算法

讽刺的是，说到纳皮尔1614年创造性的著作的书名，他还真的是一位武器发明家（译注：《神奇的对数学详解》的英文名 *Description of the Marvellous Canon of Logarithms* 中，Canon与cannon一词相近，后者有大炮的意思）。他曾向苏格兰的詹姆斯六世（即英国詹姆斯一世）建言，提供了坦克的早期设计模型：一种装甲上有孔的金属战车，内部的小型加农炮可以通过这些孔洞开火。

科学革命

16世纪与17世纪交汇之际，数学在一次知识革命——科学革命——中扮演了史无前例的重要角色。有关宇宙和自然的传统认知退出了历史舞台，虽然它们也顽强抵抗过，但无奈新派自然学者们手中最伟大的武器就是一丝不苟的数学。

在众多学科中，有一门学科被数学完全统治：天文学。天文学是科学革命的熔炉，也是数学应用领域的划时代先锋。

哥白尼新假说

公认开启了科学革命的人物是波兰教士兼天文学家尼古拉·柯伯尼克（1473—1543年），大家更熟悉的是他的拉丁名字：哥白尼。他通过观察行星和恒星，以及对阿方索星表（见第109页）的深入研究，最终得出结论，认为当时标准的托勒密宇宙观有问题。

托勒密及其继任者曾尝试过用严谨的数学描述他们所认知的宇宙，也就是其宇宙观的基本前提——地球是宇宙的中心。在这个以地球为中心的宇宙模型中，行星和恒星都位于不同的水晶球体上，这些水晶球一个内嵌着一个，围绕着中心的地球旋转。这个理论假定了这些球体的运动轨迹——也就是行星的轨道和恒星的旋转轨迹——都是圆形的。

这个基础假设给天文学家们带来了不少麻烦，因为实际观测的结果总是有某些异常。例如，有时候行星看上去像是在天空中离地球远去，这被称为逆行。为了解释这种现象，托勒密宇宙观的拥护者编胡乱造了许多复杂的解释，例如声称行星是在本轮——小圈——中运行。即使有了这些额外的解释，托勒密系统依然不够严密，正如阿方索星表显露出越来越多的不准确性一样。

哥白尼看到了数学暴露出的托勒密系统的谬误，并总结认为地心模型肯定是错误的。16世纪丹麦伟大的天文学家第谷·布拉赫写道："他认为托勒密所作出的假设与数学公理产生了一些冲突。"哥白尼利用数学知识证明，日心模型（太阳位于中心）能够更好地解释观测到的现象。行星逆行只是表面现象，这是由于行星围绕太阳运行的轨道与地球本身的轨道的位置关系所产生的假象。

哥白尼很清楚他的新宇宙模型会引发争议，并与教会权威冲突，他便停止了其划时代的巨作《天体运行论》的出版工作，直到1543年去世。但哥白尼的充满热情的支持者兼助手，维滕贝格大学的数学及天文学教授乔治·约阿西姆·瑞提克斯，在1539年就阅读了他的草稿，并发表了《第一报告》。在《第一报告》中，瑞提克斯阐述了哥白尼如何利用数学改变了自己的观念："他从最古老的观测结果开始，一直到自己的观测结果……然后他比较了托勒密的假说和古代理论……他发现天文学的证据证明这两者都必须被抛弃；他做出了新的假说……他建立了可以从数学（包括几何学）解释的结论……然后在做完这些工作后，他终于写下了天文学的真理……"

哥白尼去世后他人所绘的
肖像版画。

NICOLAI COPERNICI

net,in quo terram cum orbe lunari tanquam epicyclo contineri diximus. Quinto loco Venus nono mense reducitur, Sextum denics locum Mercurius tenet, octuaginta dierum spacio circu currens. In medio uero omnium residet Sol. Quis enim in hoc

pulcherrimo templolampadem hanc in alio uel meliori loco po neret, quàm unde totum simul possit illuminare? Siquidem non inepte quidam lucernam mundi, alij mentem, alij rectorem uo cant. Trimegistus uisibilem Deum, Sophoclis Electra intuente omnia. Ita profecto tanquam in solio re gali Sol residens circum agentem gubernat Astrorum familiam. Tellus quocs minime fraudatur lunari ministerio, sed ut Aristoteles de animalibus ait, maximã Luna cũ terra cognatione habet. Concipit interea à Sole terra, & impregnatur annuo partu. Inuenimus igitur sub hac

哥白尼日心说的图解。

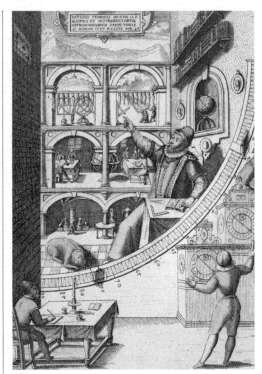

展现第谷·布拉赫工作场景的版画，其中，墙上的象限仪是一种安装在墙壁上用以计算天体位置的仪器。

与火星的战争

哥白尼的新假说在下一代的科学家中实现了重大突破，其中最杰出的就是德国数学家兼天文学家约翰尼斯·开普勒（1571—1630年）。他在读大学期间学习了哥白尼的天体论后，开始了自己一生对宇宙奥秘的追求。他坚信数学可以揭示造物的神圣奥秘，他先是尝试运用正多面体理论（见第70页）揭示行星的轨道，想要证明6颗已知行星（水星、金星、地球、火星、木星和土星）的轨道都位于5种正多面体的内切球体上。

为了得到更好的天文学数据来改良并证明自己的模型，开普勒在1599年前往布拉格为丹麦天文学家第谷·布拉赫工作，并在1601年布拉赫去世时，继承了他举世无双的巨量观测数据。开普勒花费了数年时间，对

这些原始数据进行机械复杂的运算，尝试计算出火星的精确轨道。开普勒用了1000多页纸进行运算，后来他自己称这是"我与火星的战争"。

这里的问题是，哥白尼的天体论依旧被一个致命的错误假设所限制，即行星的轨道都是圆形的。开普勒最终计算出，火星的轨道是一个椭圆，而太阳就位于这个椭圆的一个焦点上。所有行星的轨道皆是如此：这就是开普勒第一定律。他还计算出，连接太阳和行星的直线在同样时间内扫过的面积是相同的——这就是开普勒第二定律。他在1609年发表了前两个天体运行定律，但直到1619年才发表了第三定律。开普勒第三定律阐述了每颗行星走过整个轨道所需的时间（也就是其运行周期），这个时间与它的平均轨

距离有关，所以对任意两颗行星来说，它们运行周期的平方之比就等于其平均轨道距离的立方之比。这个定律是开普勒灵光一闪想到的，他向一位朋友描述道："如果你要知道确切的时间的话，那是在今年、1618年3月8日在我脑中形成的。"

开普勒第三定律还给了艾萨克·牛顿计算重力的灵感，他还在其他的科学领域做出了许多突破，包括在光学上的创举，他发明了双凸面镜天文望远镜，最先对人类视网膜上颠倒成像的原理做出了解释。1611年，他

的妻子在与他结婚两年之后就去世了，而在他的婚礼仪式中充满了数学的光辉，即他得出了计算曲面酒桶中红酒体积的最佳方法。开普勒在1615年发表的《酒桶形新几何体》中阐述了一种算法，通过将酒桶分割成无数片扁平的薄片并将其面积相加，来计算酒桶的体积。这其实是计算一条曲线下方的图形面积问题的变体之一，这个问题困扰了从阿基米德以来的众多数学家，这个算法启发了艾萨克·牛顿和戈特弗里德·莱布尼茨创立微积分（见第156页）。

科学革命中出现的仪器，有环形球仪（后右）、棱镜和一套"纳皮尔的骨头"。

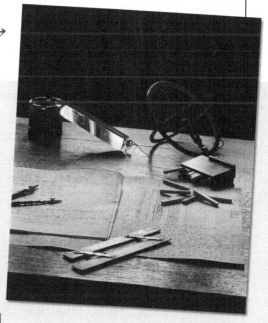

数学工具

在16和17世纪，数学工具和数学语言都得到了长足的发展。纳皮尔发明的对数（见第136页）以及计算工具（例如滑尺）的出现，极大地简化了复杂运算。更加全面的三角函数表格也减轻了计算工作量。同样重要的，还有数学符号逐渐变得更加简单实用。比如纳皮尔改进了西蒙·斯蒂文的小数记法（见第127页）并推广了小数点的运用。1557年等号第一次出现在书面记录中，而加号和减号的书面记录可以追溯到1489年德国数学家约翰内斯·维德曼所著的《商业算术》中。乘号"×"则是在17世纪早期由威廉·奥特雷德发明的，而除号（÷）最早落于纸面是在1659年。弗朗索瓦·韦达（见第126~127页）是推广代数学中统一符号的关键人物，他使用元音字母来表示未知数，用辅音字母表示已知数。然而代数符号不停演变，直到勒内·笛卡儿（见第144页）和莱昂哈德·欧拉（见第166页）的著作发表时，才最终变成了现今的模样。

伽利略

伽利略·伽利莱（1564—1643年）是一位伟大的科学家，他在许多领域都做出了里程碑式的发现，包括天文学、力学、运动物理学、重力学、光学和流体静力学。

然而伽利略认为自己的知识体系中，最核心的部分依旧是数学。他在1623年出版的《试金者》中，为数学写下了著名的辩词："宇宙就像一部鸿篇巨制，一直敞开胸怀供我们研读。但如果你学不会或不理解宇宙的语言、读不懂它的词语，那你就无法理解这部著作。这部著作是用数学的语言写就的，它的词语是三角形、圆形和其他几何图形。没有数学，人们就无法理解宇宙的一丁点皮毛；没有数学，人们就像是在漆黑的迷宫中徘徊。"

丢下圆球

伽利略的父亲希望他学习医学，所以他进入了比萨大学学习。然而据传伽利略有一次散步时经过了正在上几何学课程的教室大门，从此迷上了数学。他说服了自己的父亲，允许自己转而学习自然哲学（我们现在称之为科学）和数学。伽利略具有强烈的好奇心和敏锐的洞察力，比如野史逸闻记载了他在1583年发现钟摆原理的过程。故事里记载道，伽利略在教堂中注意到，无论大香炉开始摆动的高度是多少，它完成一次摆动所需的时间（即它的周期）都是相同的，他利用自己的脉搏计时从而确认了这一点。之后，他证明了摆锤摆动周期的平方与摆锤的长度成正比。

1589年，他成了比萨大学的数学教

比萨斜塔一景，前景中的圆球就像是伽利略在自由落体实验中所用的球。

授，在那里他抨击主流的亚里士多德自由落体理论，即物体越重，下落速度越快。在他之前，已经有几位学者注意到实际情况与该理论相悖，伽利略进行了著名的自由落体实验，他在比萨斜塔上让两个大小相同但质量不同的球体同时自由下落，证明了它们几乎在同时落地（其中的时间差，他随后证明是由于空气阻力的影响）。

"星际信使"

1609年，伽利略看到几篇文章，其中描述了荷兰的一种稀奇的新仪器——望远镜，便立即自己动手制作了许多望远镜。利用这些仪器，他得到了许多革命性的观测结果，包括木星的卫星、太阳黑子、土星的光环和月球表面的地形。他于1610年在《星际信使》中发表了他的发现，该书令他名声大噪。显然他的发现佐证了哥白尼的日心说，但在1616年，教会将这种理论认定为异端。1632年，伽利略又与教皇乌尔班八世起了冲突，他发表了《关于托勒密和哥白尼两大世界体系的对话》，为哥白尼的天体论激烈辩护。他在1633年接受异端审判，被迫公开宣布放弃他所相信的地球围绕太阳公转的理论，但是根据传说，他在审判时低声喃喃道："然而地球是在移动的。"他被判有罪并被判处软禁在家，之后他继续研究运动物理学和其他课题，并将自己最后一本著作《论两种新科学及其数学演化》（主要阐述了事物和运动物体的数学本质）的手稿偷偷送到荷兰，该书于1638年出版。他在1642年去世前的最后一项研究——依旧在家软禁期间——是发明了第一台摆钟。

运动的构成

在伽利略最负盛名的天文学发现中，他最伟大的研究成果是在运动物理学和数学原理方面。当时主流的亚里士多德理论认为，运动中的物体受其本身的冲量影响运动，冲量消失，它就会直线下落。而伽利略证明了运动中的物体垂直和水平方向的运动是互相独立的，他证明了垂直方向的运动是由重力引起的，这意味着一个自由下落的物体单位时间内下落的距离与下落时间的平方成正比——换句话说，重力提供了均匀的加速度。他将球体放在倾斜的平面上滚动，让球体的速度放慢到足以测量其下落的距离和时间；他还让滚动的球体掉下桌面，并标记它们在地板上的落点，证明了球体越过的距离与其起始速度相关，但所有的球体掉落到地板上的时间都是相同的。他画下了它们的抛物线，以此说明——并用数学证明——抛射物体的下落轨迹是一条抛物线，由此总结性地证明了亚里士多德的理论是错误的。然而伽利略最重要的遗产是他所采用的科学研究方法——实验和观察可以用来证明对某一现象的假设的数学描述成立。

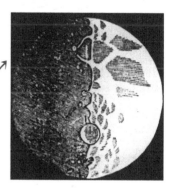

伽利略所画的月面，表明他首先观测了月球环形山。

伽利略的笔记本，其中显示出了他的计算技巧。

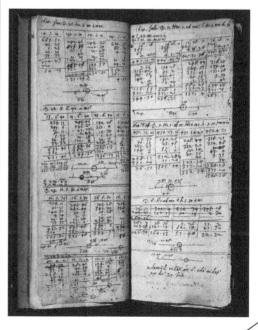

笛卡儿：数学对阵邪恶妖精

17世纪的许多伟大科学家都对宇宙的本质——甚至是宇宙的存在本身——提出了质疑，而数学才是最终的答案。对法国哲学家、科学家和数学家勒内·笛卡儿（1596—1650年）来说，这一点尤为重要，他花费了一生的时间，从无到有创建了一个统一的知识体系，这个体系的基础就是数学。

几何之梦

笛卡儿出生在一个上流社会家庭，幼年由于体弱多病而常年卧床。他接受了耶稣会的教育。他从小就热爱数学，在耶稣会学校时数学成了他最喜爱的科目——"因为其证明的确定性和其推理的逻辑性"。毕业之后，他在普瓦捷大学深造，并获得了法学学位，然后进入军队当工程师。然而在1619年11月，在梦见物理可以简化为几何、所有学科都能被数学联系起来之后，他立刻转行从事全职的科学研究工作。根据几何学的研究方法——例如欧几里得的研究——他写下了科学研究新方法的几条概述，它们能够解决自然哲学中的任何问题。他此后的一生都在追求这个梦境。

解析几何

1637年，笛卡儿发表了一篇哲学论文《方法论》，其中他讨论了如何研究哲学，并在附录中附上了使用他的研究方法研究几何的一个具体例子。这篇附录就是《几何》，它被公认为解析几何的奠基之作，将几何与代数融合到了一起，并为后世微积分的研发提供了可能（见第156页）。

笛卡儿之所以将代数与几何结合在一起，是因为他意识到任何代数方程都可以用几何来求解，任何涉及的量都可以被视作坐标系内的点，一系列的点就组成了一条曲线（在数学中，"曲线"这个定义也包括直线）。任何表示两个变量关系的方程（即含有x和y的方程）都对应一条曲线，这意味着任何类似的代数方程都

夜猫子

从小时候起，笛卡儿就习惯了睡懒觉。然而在1649年成为瑞典女王克里斯蒂娜的私人数学教师后，他沮丧地得知女王希望每天早上5点开始上课。由于无法适应斯德哥尔摩的寒冷清晨，笛卡儿得了肺炎，于1650年2月去世。

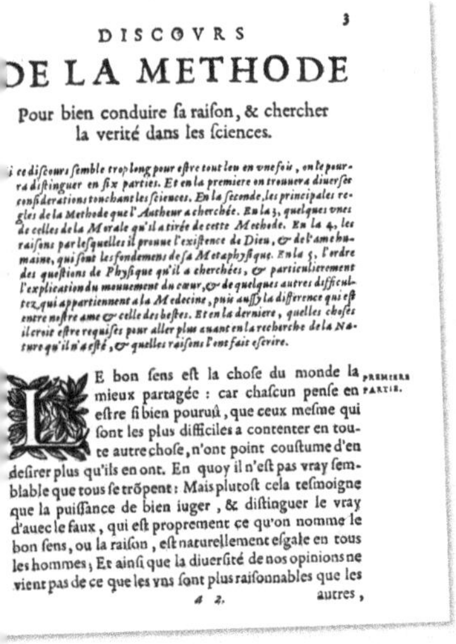

3

DISCOVRS

DE LA METHODE

Pour bien conduire ſa raiſon, & chercher la verité dans les ſciences.

i ce diſcours ſemble trop long pour eſtre tout leu en vne fois, on le pourra diſtinguer en ſix parties. Et en la premiere on trouuera diuerſes conſiderations touchant les ſciences. En la ſeconde, les principales regles de la Methode que l'Autheur a cherchée. En la 3, quelques vnes de celles de la Morale qu'il a tirée de cette Methode. En la 4, les raiſons par leſquelles il prouue l'exiſtence de Dieu, & de l'ame humaine, qui ſont les fondemens de ſa Metaphyſique. En la 5, l'ordre des queſtions de Phyſique qu'il a cherchées, & particulierement l'explication du mouuement du cœur, & de quelques autres difficultez qui appartiennent a la Medecine, puis auſſy la difference qui eſt entre noſtre ame & celle des beſtes. Et en la derniere, quelles choſes il croit eſtre requiſes pour aller plus auant en la recherche de la Nature qu'il n'a eſté, & quelles raiſons l'ont fait eſcrire.

LE bon ſens eſt la choſe du monde la mieux partagée : car chaſcun penſe en eſtre ſi bien pouruû, que ceux meſme qui ſont les plus difficiles a contenter en toute autre choſe, n'ont point couſtume d'en deſirer plus qu'ils en ont. En quoy il n'eſt pas vray ſemblable que tous ſe trõpent : Mais plutoſt cela teſmoigne que la puiſſance de bien iuger, & diſtinguer le vray d'auec le faux, qui eſt proprement ce qu'on nomme le bon ſens, ou la raiſon, eſt naturellement eſgale en tous les hommes ; Et ainſi que la diuerſité de nos opinions ne vient pas de ce que les vns ſont plus raiſonnables que les PREMIERE PARTIE.

A 2. autres,

1658年版笛卡儿《谈谈方法》的第一页。

可以用几何来求解，而且任何几何问题都可以用代数式来表达。

笛卡儿所使用的几何坐标（见第146页）现在被称为笛卡儿坐标系，但他最初所使用的版本和今天的并不相同。例如，笛卡儿没有将坐标轴拓展到负数（笛卡儿坐标系的4个象限是几十年后由牛顿发明的），他所用的坐标轴也不是互相垂直的。但他创造或推广了许多沿用至今的新方法，例如使用字母表的开头几个字母（a、b和c）来代表已知的常数，使用最后几个字母（x、y和z）来表示未知变量。笛卡儿还使用上标来表示指数，不过他还是把a^2写作aa。笛卡儿最重要的创新之一就是打破了古代数学中狭隘的齐次性。古希腊人计算的是真实的尺寸，所以x或y代表的是直线的长度，于是x^2必定代表面积而x^3必定是体积。但这也意味着，x^2不能等于y，因为它们是不同类型的量。笛卡儿一举解决了这个问题，将x、x^2和x^3都定义为一条直线的一部分。虽然他没有走完最后一步，将它们视为与长度无关的数（即纯粹的数值），但他的做法令更高次方的x（x^4、x^5等）成了可能，因此打开了几何中三维以上空间的大门。

笛卡儿的恶魔和缸中之脑

对笛卡儿来说，数学是这个世界所有必然的源泉。而今天，作为哲学家的他却更加出名，他最著名的理论就是一个叫笛卡儿的邪恶妖精（这里的“妖精”指的是一种鬼怪，也就是恶魔）的思维实验。笛卡儿提问说：我们怎么能确定自己真的体验并感受到了外部世界，而不是一个全能的恶魔欺骗我们的幻象呢？这个思维实验的现代版本就是缸中之脑，即一个没有身体的大脑漂浮在一缸液体中，被连接上一台超级计算机，计算机模拟出一个逼真的虚拟现实画面。当你在阅读这句话的时候，如何能确定你的大脑并非在那样的状态下呢？这个假设构成了《黑客帝国》等电影的世界设定。对于笛卡儿来说，这是被称为怀疑论的哲学主张，其提纲挈领地陈述了“我们如何才能确信任何事”。笛卡儿的答案从最简单的确信你本身的存在开始：“我思故我在。”但他也认为数学才是怀疑论的最终答案，因为数学真理是无可争议且必不可少的。例如，无论我们的世界是否是恶魔制造的幻象，2+2必定等于4。

电影《黑客帝国》的截屏图，该电影使用了缸中之脑的假设。

图线和坐标

现代的数学图线，就是我们在学校里学的那些知识，都是在所谓的笛卡儿坐标系内、画在笛卡儿平面上的（这两个词也被分别称为直角坐标系和直角平面）。最简单的直角坐标系，或者称笛卡儿坐标系，就是一对互相垂直的数轴（叫坐标轴），直线上有相同大小的刻度。

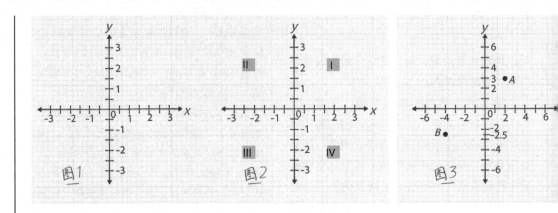

这就意味着，每条坐标轴上的每一个点之间都间隔一个单位，而这个单位的大小是固定的。水平线被称为x轴，竖直线被称为y轴。两条数轴相交于零点，并各自延长到负数范围内，这样才形成了我们熟悉的象限（图1）。有时候象限会被按逆时针顺序标为I、II、III和IV。第一象限中，x与y都是正数；第二象限中，x是负数而y是正数；第三象限中，x与y都是负数；第四象限中，x是正数而y是负数（图2）。

坐标

在直角坐标系中画出的点可以用一对数字来表示，它们被称为有序数对。例如，在图3中，点A可以用有序数对（2,3）表示；第一个数字表示的是x轴上的值（即这个点水平延伸出去多远），而第二个数字表示的是y轴上的值（即这个点垂直延伸出去多远）。按惯例，这两个数会用一个逗号而不是空格分隔。我们之所以称这对数是"有序"数对，是因为它们的顺序是很重要的：（2,3）和（3,2）不是同一点。点B有两个负的坐标值，以有序数对（−4,−2.5）表示。点（0,0）被称为原点。

总体来说，在x和y轴的图线上，x表示自变量而y表示因变量，这是因为y的值会随着x值的改变而改变。在一个有序数对（x,y）中，自变量的坐标（即x的值）被称为横坐标，而因变量的坐标（即y的值）被称为纵坐标。

简单图线

笛卡儿平面上的图线表示的是两个变量之间的关系，这被称为相关性。x和y之间的相关性总是可以被写为用x的等式表示y。图4显示了4种简单的相关性。

A: $y = 5$
B: $y = x + 1$
C: $y = 2x$
D: $y = x^2$

你可能会争辩说，第一个方程中没有x，但实际上它和$y = 5x^0$是一样的，因为任意数的零次幂都是1，所以多余的因子就被省略了。每一种相关性都对应一条曲线（请记住直线也被认为是曲线的一种）。为了画出每一种相关性的曲线，你只需要计算出x值增加时相应的y值。在第一个相关性中，x值的改变不会影响y的值，所以相关性就是一条简单的水平线，与y轴相交于5；在第二个相关性中，y总是比x大1，比如$x=1$时，$y=2$等，这就形成一条与y轴相交于1且与x轴交于-1的45°直线；第三个相关性画成了斜率更大的一条直线（见第160页），该直线通过原点（0，0）。第四个相关性是一条被称为抛物线的曲线，底端在原点，然后向两边延伸，以y轴为中心对称。

（见第160页）

"并非无用，也不荒谬"

数轴形成了笛卡儿曲线中的坐标轴似乎显而易见，但是它的出现却非常晚且具有争议，因为它似乎将负数具象化了，令它们有了与正数相同的地位。许多数学家和哲学家言辞激烈地反驳说负数是子虚乌有的幻想，指出令某样东西比没有更加少是不可能的。数轴第一次落于纸面是在1685年英国数学家约翰·沃利斯手中，他并没有模棱两可地接受负数的存在，而是在讨论如果在代数中使用负数的段落里，指出了"只要正确理解，负数并非无用，也不荒谬"。沃利斯给出了一个例子，一个人从点A往前走了5米，然后又后退了8米，问"他现在距离起点有多远？"沃利斯给出的答案是-3米，并用一根带数字的直线解释了这个问题。这给了同时代的牛顿灵感，令他用垂直相交的数轴画出了如今无处不在的象限图。

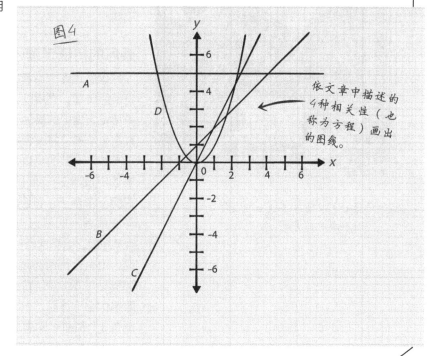

图4

依文章中描述的4种相关性（也称为方程）画出的图线。

费马与他的定理

皮埃尔·德·费马（1601—1675年）是一位法国律师、地方法官、古典主义专家和语言学家，并且也许是从古至今最伟大的"业余"数学家。时至今日，他最著名的是其最后得出的一条数学定理，但这只是他发现的许多定理之一，这些定理大多数是在数论领域，该领域几乎是由他一手推向现代的。

皮埃尔·德·费马与他业余爱好的肖像。

数学游戏

费马本人几乎没有发表过任何论文，他的研究成果只通过书信流传，其中的大部分都是寄给法国教士马兰·梅森（1588—1648年）的，后者在法国17世纪的数学发展中扮演着至关重要的角色，因为他就像是数学家们的书信驿站，特别是在数论领域。费马最喜欢的方式是提出一个定理，不给出任何证明，却要求其他数学家来证明它，所以有一些人怀疑他是否真的证明了所有的定理。

最后的待证定理

这些定理中最著名的一条就是所谓的费马最后定理，之所以这么叫是因为这是他许多待证定理中的最后一条。费马在《丢番图算术》一书"将一个平方数分成两个另外的平方数"一节的页边，潦草地写下了笔记。毕达哥拉斯三元组（见第66页）是这种等式的一个例子，符合$a^2+b^2=c^2$的形式。费马潦草写下的笔记中说，要找到满足如此等式的比2更高次方的量是不可能的。比如说，没有3个整数能够满足$a^3+b^3=c^3$。更加概括地说，费马的最后一条定理是说，如果$n>2$（符号">"表示"大于"），则没有3个整数可以满足等式$a^n+b^n=c^n$。他

得3余1。该定理对任何一个奇质数都成立，例如5（即1^2+2^2）、41（4^2+5^2）和79 601（200^2+199^2）。

费马还独自研究出了一套解析几何，他的成果和笛卡儿的相比谁先谁后还有很大的争议（见第144页）。费马和笛卡儿一样，建议使用第三条数轴将解析几何拓展至三维空间。他还研究过无穷小数，以及确定曲线切线的方法，这为牛顿和莱布尼茨的微积分奠定了基础（见第156页）。也许同等重要的是，他与布莱兹·帕斯卡之间的书信往来促使一个全新的数学领域加速发展——概率论（见第150页）。他们主要的贡献是研究出了一条定理，即若两个无关事件的发生概率分别为p和q的话，那么两者同时发生的概率就是$p \times q$。

安德鲁·怀尔斯证明了费马的最后一条数学定理。

在这条定理后写道："我已经找到了一个极好的例子来证明这条定理，但页边没有地方写了。"

这句轻描淡写的话让其他数学家花费了300年来寻找这个神秘的证明方法，这个谜题在19世纪和20世纪中在数论领域独挑大梁。有人发布悬赏，任何可以证明这条定理的人都可以获奖，但直到1995年才有人声称成功。英国数学家安德鲁·怀尔斯最终因证明了该定理而获奖，但他的证明方法基于许多费马本人不知道的数学分支知识。所以，寻找费马当年证明方法的工作依旧在进行中，虽然很多人质疑费马是否真的想出了证明方法。

其他定理

费马还研究出了很多其他定理，包括著名的费马小定理，这个定理关注的是大质数，它和他研究的平方和定理都被运用在了如今的信用卡安全系统中。后者讲的是任何一个奇质数能表示为两个平方数之和的充分必要条件是该质数被4除余1。例如，13是一个奇质数，它是（9+4）之和；13除以4后

概率的问题

数学在现实世界中有许多应用，其中之一就是概率——表示可能性的数学形式。概率论令人们能够用数学精确地计算出现实世界中的可能性，小到骰子的数字，大到你应该交的保险金数额。

人类从史前时代就热衷于概率的游戏，但直到17世纪，才有人提出了概率论的几条原则。他们是当时的两位伟大的数学家，皮埃尔·德·费马（见第148页）和布莱兹·帕斯卡（见第152页）。在如今非常著名的一封书信中，费马和帕斯卡解决了一个著名的博彩问题，即所谓的点数分配问题。

点数分配问题

这个问题最初是有关骰子游戏的，但为了简化问题，它一般被表述为抛硬币问题。请想象一下帕斯卡和费马两人一起玩抛硬币游戏，帕斯卡猜人头，而费马猜数字，两人都拿出50法郎，先赢10次的人就能拿走100法郎。抛15次硬币后，人头出现了8次而数字出现7次，也就是说，帕斯卡以8∶7领先。但在完成整个游戏之前，帕斯卡因紧急事务被叫走，两人需要对博彩金的分配达成一致。他们可以简单地决定帕斯卡是赢家，因为他目前领先，但如果继续游戏，费马也可能反超他，所以这样并不公平。他们也可以以8∶7的比例分博彩金，以反映当时的比分，也就是帕斯卡更有可能最先赢得10分，拿走所有博彩金。所以帕斯卡和费马都意识到此处关键的问题是："谁更有可能赢？"

费马写信给帕斯卡提出了一个聪明的解决方案，如果游戏继续，最多只要再抛4次

硬币——再抛4次硬币后，肯定就有一个人赢到10分了。要么是帕斯卡再赢2分，要么是费马赢得最后3分。费马画了一张表列出了这个游戏的16种可能结果（H表示人头，T表示数字），例如HHHH，TTHT，等等。然后他数了一下有多少种结果是帕斯卡最终获胜的（见本页下图），在所有16种结果中，每种出现的可能性都是相同的，11种会让帕斯卡获胜而5种会让费马获胜，所以博彩金应该以有利于帕斯卡的11∶5来分割（即他可以获得博彩金的$^{11}/_{16}$）。费马和帕斯卡的抛硬币游戏的所有可能结果如下（斜体字表示帕斯卡会赢）：

HHHH
HHHT
HHTH
HHTT
HTHH
HTHT
HTTH
HTTT
THHH
THHT
THTH
THTT
TTHH
TTHT

TTTH
TTTT

显然，在某几种可能的结果中，某几次抛硬币是多余的。例如，如果前两次都是人头，帕斯卡就已经赢得游戏了。费马意识到，将多余的抛掷次数算进去后，每一种结果的可能性都是相同的，因此它们就可以互相比较。合计每一种可能的结果后，就能得到一个事件的概率。某一事件的概率（例如，赢得一个游戏的概率）就是令该事件发生的同等可能性的结果数之和除以所有可能的结果数。在这个例子中，要让帕斯卡赢得游戏有11种同等可能的情况，而整个游戏所有可能的结果总共有16种。

伦敦人寿命表

约翰·格朗特（1620—1674年）是一位伦敦零售商人，他收集了伦敦人出生和死亡的数据，并使用统计手段来预测人的寿命。在他的伦敦人寿命表中，他列出了每100人中，有多少能够活到10岁、20岁、30岁、40岁……直到100岁。这项研究为保险精算学奠定了基础，也是概率论的重要实际应用之一，比如精算表可以用来确定保险费。

17世纪的旧伦敦大桥。

简单概率

请记住事件和结果的区别，我们可以用以下方程来计算某一事件的概率（P）：

P（事件）=可能出现该事件的结果数/所有可能的结果数

按定义来说，这个方程的分子一定比分母小，所以概率（P）一定是一个在0到1之间的数。如果$P=0$，这个事件永远不会发生；如果$P=1$，这个事件肯定会发生。

将单一事件的概率相加，我们可以得到多个事件的总概率（只要它们之间是互斥的），所以P（A或B）=P（A）+P（B）。比如说，一个骰子掷出1或6的概率就是P（1）+P（6）= $\frac{1}{6}$ + $\frac{1}{6}$ = $\frac{2}{6}$ = $\frac{1}{3}$。

如果两个事件并非互斥的，那么P（A或B）=P（A）+P（B）−P（A并B）。例如，从一副牌中抽到一张方片或一张老K的概率是P（抽得方片）+P（抽得老K）−P（抽到方片老K）= $\frac{13}{52}$ + $\frac{4}{52}$ − $\frac{1}{52}$ = $\frac{16}{52}$ = $\frac{4}{13}$（大约是0.3）。

将概率相乘，我们可以算出多个独立事件同时发生的概率。计算两个独立事件同时发生的概率的方程为P（A并B）=P（A）x P（B）。例如，连续两次抛硬币得到人头的概率是$P(H) x P(H)$= $\frac{1}{2}$ × $\frac{1}{2}$ = $\frac{1}{4}$，即0.25。

一些简单的概率

机会和概率是我们日常生活中不可缺少的一部分，但它们在游戏中表现得最为明显，以下列出了一些常见的例子：

- 抛硬币时人头朝上的概率——$P(H)$等于$\frac{1}{2}$或0.5；
- 掷骰子时得到6的概率——$P(6)$等于$\frac{1}{6}$或大约0.167；
- 掷骰子时得到一个偶数的概率——P（偶数）是$\frac{3}{6}$或0.5；
- 从一套扑克牌中抽到一张方片的概率——P（方片）是$\frac{13}{52}$=$\frac{1}{4}$或0.25。

帕斯卡和帕斯卡三角形

帕斯卡三角形是以三角形排列的一组数字，三角形内的数字都是上一行与它相邻的两个数之和。这个三角形以法国数学家布莱兹·帕斯卡（1623—1662年）的名字命名，虽然在他之前已经有好几位数学家描述过它。

波斯人卡拉奇在10世纪时就画出了这个三角形的一个版本；在中国，它以13世纪的数学家的名字命名，被称为杨辉三角形；而在意大利，人们称它为塔尔塔利亚三角形（见第128页）。

满载着数字的精华

帕斯卡编制出了一个二项式系数的速查表格。二项式是一个含有两项的表达式，只含有简单的算术运算。它们通常都以$(x+y)^n$的形式出现，当你展开表达式（即将括号内的算式展开）时，你就会得到一系列的项，每一项都有一个系数（与该项相乘的一个数字）。例如，展开$(x+y)^2$可得$x^2+2xy+y^2$，其中的系数就是1、2和1（系数是1时并不显示在项前，因为这是多余的）。如果你用不同乘方的二项式列出一个表格，就能看到系数中的规律（见本页下表）。帕斯卡的成就包括对三角形的各种形式和性质做了彻底的研究，其中的一些是相反的（见下页上图，请记住最上面的那行是第0行，而不是第1

法国数学家布莱兹·帕斯卡，他惊才绝艳却英年早逝。

二项式	展开式	系数
$(x+y)^0$	1	1
$(x+y)^1$	$x+y$	1, 1
$(x+y)^2$	$x^2+2xy+y^2$	1, 2, 1
$(x+y)^3$	$x^3+3x^2y+3xy^2+y^3$	1, 3, 3, 1
$(x+y)^4$	$x^4+4x^3y+6x^2y^2+4xy^3+y^4$	1, 4, 6, 4, 1
$(x+y)^5$	$x^5+5x^4y+10x^3y^2+10x^2y^3+5xy^4+y^5$	1, 5, 10, 10, 5, 1

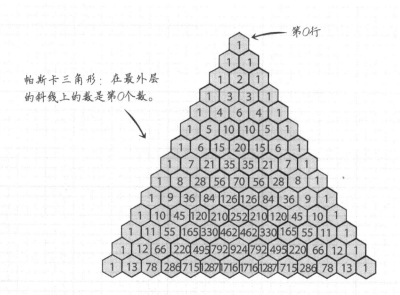

帕斯卡三角形：在最外层的斜线上的数是第0个数。

第0行

行，右边最外层斜线上的数是第0个数，而不是第1个数）。

- 除最外层的斜线之外，内部的斜线上的都是自然数（1，2，3，4，5…）；再往内的是三角形数（1，3，6，10，15…）；继续往内是三角锥数（1，4，10，20，35…）。

- 如果一行中的第1个数是一个质数，那么在那行中其他大于1的数都可以被其整除。例如在第7行（有1，7，21，35，35，21，7，1）中，数字7、21和35都可以被7整除。

- 第n行的数字之和等于2的n次方（例如，对第2行来说，$n=2$；而对第4行来说，$n=4$，而$2^4=1+4+6+4+1=16$）。

- 见本页下表，如果将某一行的数字分别作为一个数字的每一数位上的数（如果某个数的数位大于一位的话就进位），这个数字必定等于11的n次方，n即行数。

- 左斜对角的数字之和顺次构成斐波那契数列（见第117页）。

行数	11的指数	11的指数运算结果	所在行对应的数字
第0行	0	1	1
第1行	1	11	1 1
第2行	2	121	1 2 1
第3行	3	1331	1 3 3 1
第4行	4	14 641	1 4 6 4 1
第5行	5	161 051	1 5 10 10 5 1
第6行	6	1 771 561	1 6 15 20 15 6 1
第7行	7	19 487 171	1 7 21 35 35 21 7 1
第8行	8	214 358 881	1 8 28 56 70 56 28 8 1

神秘的六角形和水银气压计

在帕斯卡悲剧而短暂的一生中，帕斯卡三角形只是他在科学和哲学领域取得的研究成果中的冰山一角。他的母亲在他3岁时就去世了。他从小天赋惊人，他从父亲那儿受到了不同寻常的数学教育。他的父亲是一位数学家兼收税员，参加了梅森（见第148页）主持的会议，在那里他遇见了17世纪法国的许多杰出人物。在16岁时，帕斯卡就有了自己的研究成果，现在被称为帕斯卡定理或帕斯卡的神秘六角形。定理指出，由一条圆锥曲线（一个平面和一个圆锥相交形成的曲线）上的6个点可以画出一个六边形，其3组对边的交点处于同一直线上。此后，在与费马的通信中，他首次提出了概率论（见第150页），还用自己的三角形简化了费马复杂费力的概率计算方法：根据决定游戏胜负可能的事件数，在三角形中对应行数的所有数字之和，即所有可能的结果数之和。

1646年，帕斯卡皈依天主教，成了一位虔诚的信徒，但他依然继续研究并做出了许多重要发现。1658年到1659年间，在牛顿之前10多年，他就发明了一种积分，他将它称为"不可分割理论"（见第158页）。他还发明了一种计算器（见下页方框：帕斯卡计算器），并在液体和气体压力的研究方面取得了重大成果。他证明了气压计的原理（水银柱的高度取决于其周围的大气压），为天气预报和海拔测量打开了新世界。他还证明了水银柱顶端的空间是一个真空空间。他研究的流体静力学是当时的学术前沿——包括发现了如今所谓的帕斯卡定理，定理指出封闭液体的对外压力在各个方向上相等——人们以他的名字作为标准的压力单位：1帕斯卡=1牛顿每平方米。帕斯卡死于胃癌，年仅39岁。他在去世前还为巴黎设计了一套公共交通系统。

帕斯卡的博弈论

帕斯卡去世较早，在最后一本未完成的著作《思想录》中，他写下了对上帝信仰的著名论证。它可以大致概括为：如果上帝不存在，那么信仰他也不会有什么损失，但如果上帝真的存在，信徒就可以得到"永远幸福的永恒生命"，所以平衡信仰的奉献和回报是很合理的。这段论证是博弈论（见第178页）的先驱。在博弈论中，一个理性的人的最佳策略取决于一系列行为的奉献与回报比。很多人对帕斯卡的博弈论提出反对意见：一个人真的能够控制自己的信仰吗？将自身利益牵扯进信仰有什么意义？一个人应该信仰哪个神？帕斯卡指的是他自己天主教的上帝还是也包括其他的神，比如北欧神话的主神奥丁或印度教的迦梨女神？

现今所知帕斯卡三角形的最初模样，这是彼得鲁斯·阿皮努斯1527年出版的《商业账本》中的一页。

帕斯卡计算器上有很多设置加法数字的转盘，以及可以读出最后结果的小窗。

帕斯卡计算器

　　1642年，帕斯卡19岁时，为了减轻收税员父亲的计算工作，设计并制造了世界上最早的加法计算器之一，被称为帕斯卡计算器。这个奇妙的装置是一个长方形的黄铜盒子，里面有很多转盘，上方有很多刻度盘。这些刻度盘可以将指针设置到合适的数字，然后拉下把手，计算结果就会在盒子顶上的小窗中显示出来。第一代帕斯卡计算器只能进行5位数运算，但帕斯卡想要推销自己的机器，所以制造了50台。后期的帕斯卡计算器可以进行8位数的计算。帕斯卡计算器基本上都是做加法运算的，通过将要减去的数转换为其补数，减法运算也可以用加法完成。乘法可以用多次加法运算完成（与现代计算机使用的方法一样），而除法就用多次减法。虽然这台机器创意非凡，但它很不稳定且不可靠，一次小小的敲打就会出现计算错误。

微积分孰先孰后：
牛顿和莱布尼茨

微积分是一种用来计算曲线的数学工具，特别是计算曲线的斜率和其下方的面积。古巴比伦人和古埃及人已经知道如何计算一条斜线的斜度或斜率（见第26页）和其下方的面积。

古希腊的数学家们已经能计算一些带曲线形状物体的体积了，例如球体，但要计算一个曲面广口杯中红酒的体积，他们依然束手无策——同样的问题也引起了开普勒的注意（见第141页）。在16世纪和17世纪，有关运动的问题受到了众人的关注——大炮炮弹飞过空中的抛物线、受重力影响的物体的加速度和行星运动的椭圆形轨道——这些都需要新的数学方法来计算曲线。在17世纪，欧洲许多伟大的数学家都在研究这个问题，这成就了后世所知的微积分。

近似计算

古希腊数学家欧多克索斯和阿基米德利用穷举法，发明出一种积分法——计算曲线下方面积的方法。而微分——计算曲线上任意一点的斜率——是另一种挑战。笛卡儿的解析几何和他的笛卡儿坐标系（见第146页）为表示并处理这类问题提供了至关重要的工具，此外，还有一种已经存在了很久的大概估算法：近似法。将一条曲线想象成许多移动的直线（切线），那么在其下方的图形就成了许多长方形和三角形，用近似的积分和导数（积分和微分的产物，分别对应面积和斜率）可求得其面积。使用更多更小的长方形和三角形（所谓的"曲线方块化"或

"求积法"）可以求得一个更近似的值，但这也仅仅是近似值而已。

计算方法的线索

到1665年为止，许多伟大的人物都为积分法和微分法的发展做出了贡献。开普勒和伽利略的研究为微积分的发展提供了一些思路，伽利略的门徒博纳文图拉·卡瓦列里提出了一种融合二人成果的理论，费马（见第148页）发现了一些特殊曲线的导数（事实上，一些历史学家认为他才是真正的"微积分之父"）。到了17世纪，剑桥大学的数

艾萨克·牛顿在埃尔斯索普庄园中出生的房间，其中展示了他后来使用过的天文仪器。

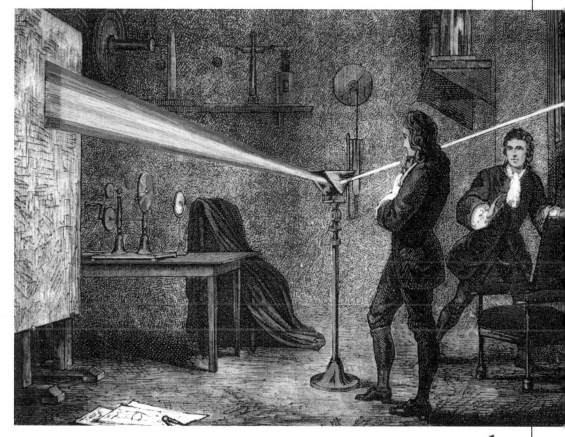

牛顿利用一块棱镜从白光中分离出不同颜色的光。

学教授艾萨克·巴罗设想了一种将切线转换为曲线以此来计算导数的方法。然而，真正以普适化的方法一劳永逸解决了这个问题的是他的一个学生：艾萨克·牛顿。正如牛顿后来承认的："我从费马画切线的方法里得到了灵感，将其运用在抽象的方程上，正向和反向运算都成功了，于是我得到了普适的方法。"

站在巨人的肩膀上

艾萨克·牛顿（1643—1727年）是一位小贵族的遗腹子，身怀数学和自然哲学的惊人天赋，在剑桥大学师从艾萨克·巴罗。在1665年到1666年间，即如今人们所说的他的"奇迹之年"，牛顿取得了历史上最伟大的科学突破之一。根据牛顿研究学者德雷克·杰特森所说的，"在极短的时间内，

这位24岁的学生创造了现代数学、现代力学和现代光学，在历史上没有人能成就这番壮举"。牛顿因此获得了名声、财富、爵位和在英国科学界无法动摇的地位。他成了当时最杰出的科学社团——皇家学会的终身主席。他撰写的《自然哲学的数学原理》于1687年出版（被世人简称为《原理》），被认为是已出版的最重要的科学论文。如今，牛顿最为人所知的是他发现了引力平方反比定律，即两个物体之间的引力与两者之间距离的平方成反比，该定律精确地量化了引力，解释了小到苹果掉落大到行星围绕太阳运转的自然规律。说到自己的成就时，牛顿说了一段著名的话："如果说我看得更远的

话，那也是因为我站在巨人的肩膀上。"

他所说的巨人可能包括费马和巴罗，因为牛顿是在他们的研究基础上才发明了微积分，不过他将其称为"流数法"。他将曲线上某一点的瞬间变化率（即导数）称为流数，曲线上不断变化着的x和y坐标就是流。他利用这个方法计算导数，而导数能给出曲线上任意一点的斜率。例如，对于曲线$y=4x$来说，导数（对牛顿来说是流数）就是4，$y=x^2$的导数就是$2x$，而$y=x^3$的导数是$3x^2$。

牛顿还说明了他的数学家前辈们在哪个方面给了他灵感：微分的"反面"就是积分。这就是微积分的基本定理，积分是微分的逆运算，反之亦然，所以如果你对一个方程先作积分再作微分，你就会得到最初的原始方程。

牛顿将自己的"流数法"称为"一种可以将曲线无限分割的方法"；今天，这就被叫作积分。他之所以能够发明微积分，多亏了他在无穷级数上前无古人的计算能力。牛顿意识到，与其将数字相加到无穷大，一个含有无穷级数的和可能更接近一个有限的目标或极限，这可以用来将曲线无限分割——实际上就是用无穷窄的长方形来计算曲线下方的面积。由于每个长方形的宽度无限接近于零，它们的面积之和就无限接近于曲线下方的面积。

全科学院

虽然牛顿在微积分上取得了惊人的成就，但是当时的微积分依旧是虚无缥缈的存在，而属于它的时代终将到来。在牛顿发明了"流数法"——但却没有发表——之后不久，德国博学家、律师、兼职外交家戈特弗里德·威廉·莱布尼茨（1646—1716年）也独立发明了微积分。莱布尼茨的成就非同凡响，腓特烈二世曾经给出著名的评价，说他"自己就是一所全科学院"。1673年，

莱布尼茨来到伦敦，发布了自己设计的计算器，并入选皇家学会。他之后回到巴黎，在两年内独立发明了无穷级数和无穷小微积分。他花费很多精力设计出一种记号系统，令其他数学家可以简单地理解并使用微积分。这和牛顿正好相反，牛顿完全没有将自己艰涩难懂的"流数法"分享给别人的意思。"使用符号，"莱布尼茨写道，"人们就可以见识到这个发明的优势，其最伟大的地方在于用简短、图形化的方式表达了事物的本质；这样就可以省去许多思考的精力了。"

两人的贡献

莱布尼茨的发明传了出来，牛顿被迫要发表自己的"流数法"来占据首发地位，但牛顿不喜欢被催促（他一直到1704年才在《光学》一书的附录中发表了自己"流数法"的完整版本）。1676年，他只写给莱布尼茨一封加密了的信件宣称自己的"专利权"："我现在不能详细解释流数，不过我可以用密码写给你：6accdae13eff7i3l9n4o4qrr4s8t12vx。"这段密码表示了一段拉丁语的字母顺序，这段拉丁语翻译过来就是："对于一个含有流动数量的等式，可计算出它的流数，反之亦然。"

然而，莱布尼茨并没有被说服，他依旧在1684年发表了自己的微积分，而且对牛顿的研究只字未提。他对发明的孰先孰后轻描淡写地带过："我知道牛顿先生已经研究出了其原理……但一个人不可能一次研究出所有成果的；你有你的贡献，我也有我的。"牛顿的想法与他不同（他后来坚持说"第二发明者一文不值"），他通过代理人发起了一场激烈而针对个人的争执，最终利用他在皇家学会的地位发表了一篇言辞狠厉的报告，试图破坏莱布尼茨的名誉。在1716年莱布尼茨去世很久之后，牛顿还夸口说他"用回击打碎了莱布尼茨的心"。

莱布尼茨肖像，戴着长长的假发。

牛顿在全盛时期的肖像，此时是他出版《原理》两年后。

什么是无穷级数？

　　无穷级数是无数项的和。例如，假设你和你的一个朋友被人要求关上一扇门，但是得两个人轮流来，每次关上门打开距离的一半，然后再关上一半，以此类推。首先，你可以把门关到全开的一半，然后你的朋友会关到全开的 $\frac{1}{4}$，然后你要关到全开的 $\frac{1}{8}$，以此类推。只有当每次关门的距离相加等于1时，门才能关上。每一次关门的距离都是总和中的一个项，每一项都代表着你或是你的朋友关一半门的动作。我们知道这一系列加法最终的和为1，但我们永远无法写下足够的项来加到1；换句话说，你和你的朋友将会永远轮流去关门，你们永远也无法关上门。用数学的语言来表述的话，我们会说当相加项的数量趋近于无穷多时，总和的极限是1。

斜率和导数

微积分（calculus）在拉丁语中的意思是"卵石"或"小石头"，之所以这么叫它是因为它关注的就是很小的数，小到它们被称为无穷小量。无穷小量之所以很重要，是因为虽然它们很小，小到几乎接近0，但它们不是0。

含有0的运算是很难进行的，因为任何数除以0都无解，但如果一个无穷小量替代了0的位置，我们就可以进行运算并得到解。

变化和时间

在微积分中，无穷小量令计算变化成为可能，微积分就和变化有关，尤其微积分的出现就是为了计算运动物体的曲线的。我们有很多不同的方法来描述同一件事，因为一个运动的物体在空间中随时间走出一条轨迹，根据时间画出它的轨迹就能得到一条曲线。要解释如此复杂的概念，最好的办法就是举一个例子，例如自由落体。

自由落体

简想要从比萨斜塔上扔一个炮弹下来，艾萨克想要用他新买的高速摄像机拍下这个过程。为了确定要用哪种设定，他需要知道简放开炮弹1秒之后，炮弹的速度会有多快。简知道炮弹落下的距离与时间的关系为$d=3t^2$，d代表距离（实际的距离单位——米或英尺——无关紧要），而t是以秒为单位的时间。由于速度是距离除以时间，可以计算出，炮弹的速度肯定是每秒3个距离单位。

牛顿指出，这只是第1秒内炮弹的平均速度，而不是其在1秒之内的实际速度。他

需要知道在某个特定的瞬间炮弹的确切速度，这是一个问题，因为速度是用炮弹下落的距离除以下落所用的时间计算出来的。换句话说，就是炮弹下落的距离变化除以下落所用的时间变化。所以比方说在0到1秒内，速度可以被描述为从0到3个距离单位的变化除以从0到1秒的变化，也就是3除以1，和上面的结果一样。但对于某一个精确的瞬间，这个速度被描述为从3到3个距离单位的变化除以从1到1秒的时间变化——换句话说，距离上没有变化，时间上也没有变化，这意味着，炮弹的速度是0除以0，也就是无解。那么他们该怎样计算出一个在某个瞬间的有意义的速度呢？

简想到了一个绝妙的主意，如果他们从第1秒开始以无穷小的间隔测量时间呢？每次增加的时间非常少，几乎是0（用数学的语言来说，它无限趋近于0），但关键是它并不是0；这是一个可以出现在等式中并参与运算且不会导致无解的项。简决定使用一些数学符号，并将这个增加的无限小时间称为"delta t"，在书面上用希腊字母delta（Δ）写成Δt。

简已经知道1秒之后这个炮弹会掉落多远的距离，现在她可以表示出在（$1+\Delta t$）秒后其掉落的距离。她知道$d=3t^2$，由于现在$t=$（$1+\Delta t$），所以她可以将表达式替换为$d=3\times$

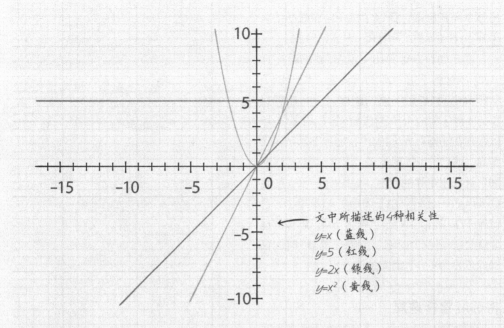

文中所描述的4种相关性
$y=x$（蓝线）
$y=5$（红线）
$y=2x$（绿线）
$y=x^2$（黄线）

梯度

　　梯度表示的是一个曲面的倾斜程度，反映的是斜面变化的速度。从传统意义上说，梯度是在横轴的单位距离内纵轴的变化，也可以说是纵轴的变化除以横轴的变化。在笛卡儿坐标系（见第146页）中，就是y除以x（即y/x）。所以，直线$y=x$的梯度就是1，因为对任何x值来说，y值都与它相等。你可以从上图中看出这一点，因为当$x=1$时，$y=1$；$x=2$时，$y=2$；以此类推。所以图线在x轴方向上每移动一个单位，就会在y轴上移动同样的距离。（由于y永远等于x，我们可以在梯度等式中用x代替y，得到梯度为x/x，而$x/x=1$）。对于一条水平线，例如$y=5$来说，它的梯度是0，因为它没有纵轴上的变化，它是一条水平的直线。对于一条更加陡峭的直线例如$y=2x$来说，它的梯度更大，在横向每移动x个单位，在纵向都会上升$2x$个单位，所以梯度等式可以写作$2x/x$，约掉x之后剩下2，所以该直线的梯度即为2。但对于曲线又是什么情况呢？例如$y=x^2$这条曲线，它的梯度是多少？沿着曲线从$x=0$移动到$x=2$，曲线在y轴上从4爬升到了16，其梯度似乎是$12/2=6$。显然，曲线的梯度是不断变化的——曲线上每一个点的梯度都不同，计算一条曲线上任意一点的梯度，就是微积分存在的意义。

$(1+\Delta t)^2$。当展开括号中的多项式时，就是将整个等式自乘，在这个例子中就是$d=3\times[1+2\Delta t+(\Delta t)^2]=3+6\Delta t+3(\Delta t)^2$。

　　现在简可以计算出，从第1秒到第（1+Δt）秒炮弹下落距离的改变量：即时的下落距离与第1秒后下落的距离之差，也就是$3+6\Delta t+3(\Delta t)^2-3=6\Delta t+3(\Delta t)^2$。所以她现在知道在$\Delta t$时间内，炮弹下落了多少距离，而且她可以用等式"速度=距离除以时间"计算出炮弹的速度，即$6\Delta t+3(\Delta t)^2$除以$\Delta t=6+3\Delta t$。由于简知道Δt非常小，近似等于0，所以$3\Delta t$也近似等于0，炮弹的速度就是6+近似为0=6。炮弹在第1秒时的精确速度是每秒6个距离单位。

将梯度看作速度

　　简刚刚计算出的，正是在图上表示炮弹下落距离（y轴）与时间（x轴）的曲线上$x=1$处的值。她在计算速度时遇到了速度等于"没有变化的下落距离/没有变化的下落时间"这样的难题，这和我们计算一条曲线上任意一点的梯度时遇到的问题是一样的。曲线的梯度，或者称其为斜率，是用其在纵轴上上升的距离除以其在横轴上横移的距离（见第161页方框：梯度），或者换句话来说，就是"y的变化量/x的变化量"。然而，在曲线的任意一点上，既没有x的变化量，也没有y的变化量，所以梯度变成了0除以0这样没有意义的等式。

　　数学家们已经注意到，我们可以用一条切割曲线的直线来代表这段曲线的平均梯度。该直线与曲线相交于两点，这条割线的斜率就是曲线上这两个交点之间斜率变化的平均速率。直线切割曲线的两点靠得越近，直线就越接近于成为这条曲线的切线。切线是一条与曲线只相交于一点的直线，其斜率即该曲线在交点处的梯度。如果你能计算出切线的斜率，你就能计算出那一点上曲线的

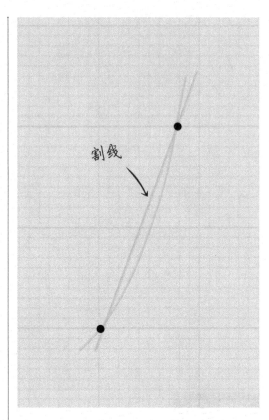

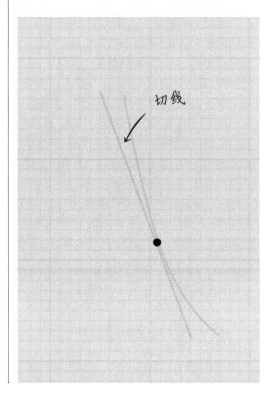

梯度。所以如果选择一点x和与其间隔无限小距离的第二点作一条直线，你就可以像简计算炮弹速度一样，算出斜率。

例如，如果曲线是$y=3x^2$，我们可以用与简计算$t=1$时炮弹速度同样的方法计算$x=1$处的梯度，即计算$x=1$和$x=1+\Delta x$两点间的梯度。在这个例子中，y表示距离，曲线在$x=1$处切线的梯度（即曲线在该点处的梯度）为3。这就是导数，其计算过程也叫作求导。导数是一条曲线在某一个点上的斜率，它也被视作该点切线的斜率或是曲线即时变化率。

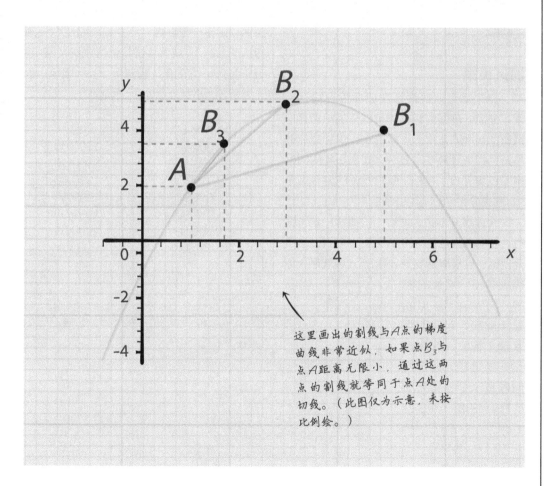

这里画出的割线与A点的梯度曲线非常近似，如果点B_3与点A距离无限小，通过这两点的割线就等同于点A处的切线。（此图仅为示意，未按比例绘。）

极　限

从数学的角度来说，极限就是接近但达不到的一个量。极限对于微积分（见第156页）来说是必不可少的，因为有了它，才有可能用无限小数进行计算；它还能让我们计算一些艰涩的数值，例如零和无穷大。零和无穷大都不是实数，不能用于某些算术运算（例如除法）。

任何数除以零都无解，而无解会让许多很简单的运算变得复杂，例如计算银行账户的利率。

逼近极限

打个比方，银行经理让你管理银行一天，他离开前嘱咐说，你可以提供给新客户最新的高利率账户。不幸的是，这种账户的投资回报率计算非常复杂：如果每年的回报率（以美元计）是R，最初投资的资金量是x，那么$R=\frac{(x^2-1)}{(x-1)}$。

经理离开不久，就有一位新客户走进银行，咨询如果他在新的存款账户中只投资1美元的话，回报率是多少。将1代入等式后，你得到了一个奇怪的答案：$\frac{(1^2-1)}{(1-1)}=\frac{0}{0}$。但$\frac{0}{0}$是无解的，客户不喜欢这个答案。突然间你有了灵感，现在的问题是这个等式无法计算$x=1$的值，那么也

许你可以尝试用一个接近1的数代入等式，就能得到一个近似于真实答案的解。你敲着计算器，画出一张表格（下表），列出了x逐渐接近于1时——或者用数学语言来说，是x趋近于1时——R的值（省略号"…"表示小数无限循环，小数点后的9无限增加）。

x	R
0.5	1.500 00
0.9	1.900 00
0.99	1.990 00
0.999	1.999 00
0.999 9	1.999 90
0.999 99	1.999 99
0.999 99…	1.999 99…

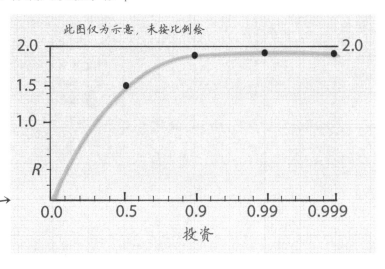

方程$\frac{(x^2-1)}{(x-1)}$的图线显示曲线逐渐趋近其极限2。

客户拿起一支笔并画出了这样一条回报率曲线（上页）：可以看出，当曲线接近于$R=2$时变得越来越水平，但曲线从未真正到达$R=2$。显然，当x趋近于1时，R趋近于2，这样你就能很有信心地告诉客户说，投资1美元的回报率是每年2美元。用数学的语言来说，你刚刚就是计算出了当x趋近于1时，等式$(x^2-1)/(x-1)$的极限是2。正确的表示方法是使用"lim"加上下标x的值：

$$\lim_{x \to} \lim \frac{x^2 - 1}{x - 1} = 2$$

爬上山坡

讨论极限时，数学家会举出一个类比的例子，警告你说：等式$(x^2-1)/(x-1)$就像是时空连续体中一个有裂缝的山坡。你无法说出这道裂缝的位置，因为它在这个宇宙中是不存在的，但你可以在一定的数学确定性下近似定位它；换句话说，你可以计算出裂缝的极限。然而，如果你只从山坡下往上接近裂缝——就像银行账户的例子中那样，我们计算出了当x从0趋近于1时的极限——那你就无法确定这道裂缝的上极限在哪里。为了准确确定这道裂缝的极限，你还需要从上方趋近于它。在银行账户的例子中，你需要计算出x大于1且足够接近于1时的R值（即x等于1.5、1.1、1.01、1.001、1.0001等）。当你这样做时，你会发现当x趋近于1时，R趋近于2，这样就确认了你之前计算的结果。

如果黑色方块代表的是极限，爬山者必须从其下方和上方分别接近它，才能确定它的位置。

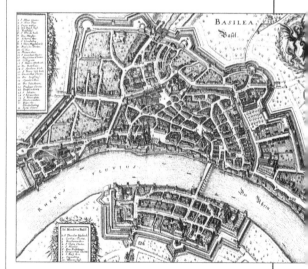

许多与极限相关的数学概念是由一群来自巴塞尔的瑞士数学家们提出来的（见下页）。

欧　拉

到18世纪时，欧洲数学家已经远远超越了古代数学界和东方数学界的同行，微积分（见第156页）已经发展为很多学科领域的重要工具，例如行星运动学和流体动力学。

在数论领域也有很多重大的发现，特别是复数的发现（复数是一个虚数加上一个实数，例如-1的平方根）和哥德巴赫猜想。德国数学家克里斯蒂安·哥德巴赫（1690—1764年）推断说，所有大于7的奇数是3个奇质数的和。在这个时期（指18世纪）——可能也是古往今来的整个数学史中——研究成果最多、影响最大的数学家，就是莱昂哈德·欧拉，他在数学的每个领域中都做出了贡献。

势不可挡的欧拉

莱昂哈德·欧拉（1707—1783年）出生于巴塞尔，1723年他从巴塞尔大学的哲学系毕业后，师从约翰·伯努利，后者是掌管着瑞士数学界的数学名门世家中的一员（见本页方框：伯努利家族神奇的男孩们）。后来欧拉在柏林和圣彼得堡的学院中度过了大部分职业生涯。他不眠不休地工作，发表或出版了大量的论文、图书、信件和实际运用案例。即使是在18世纪60年代失明之后，他依然继续工作，并口述完成了不少作品。美国数学史家德克·斯特罗伊克赞誉他是"18世纪——也有可能是整个历史上最多产的数学家"。例如在1775年，据传他平均每周都会发表一篇论文，到他职业生涯结束时，他共出版或发表了856部图书和论文（比其他任何一位数学家都多），他的所有著作总计有60~80卷。事实上，有人估算说在整个18世纪的科学著作中，有$\frac{1}{4}$是欧拉的作品。

伯努利家族神奇的男孩们

伯努利家族是瑞士巴塞尔的一个商人家族，在17到18世纪期间涌现出了不少于6位杰出的数学家，其中最有名的是雅各布·伯努利（1654—1705年）和约翰·伯努利（1667—1748年）兄弟，还有约翰·伯努利的儿子丹尼尔·伯努利（1700—1782年）。他们的成就就包括利用微积分计算出了能让滚落的球体最快到达底边的曲线（被称为最速落径），近似计算欧拉数（现在通用用e表示的无理数）的值，以及发现了现在所称的伯努利原理（液体或气体的速度和压强成反比）。

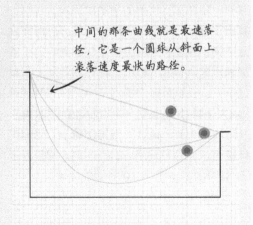

中间的那条曲线就是最速落径，它是一个圆球从斜面上滚落速度最快的路径。

哥尼斯堡七桥问题

哥尼斯堡城（现称柯尼斯堡）中，有7座桥连通大陆和两个岛屿，给18世纪带来了一个最著名的数学问题：如何走过所有7座桥并回到原点，却不重复通过某一座桥？欧拉将这个问题巧妙地简化成了一张图（和我们更加熟悉的现代坐标系图不同，他的图含有被称为节点的点和被称为边的直线）并证明这个问题无解，因为这个问题含有4个节点和奇数个连接，他的证明开创了一门新的数学学科：拓扑学。

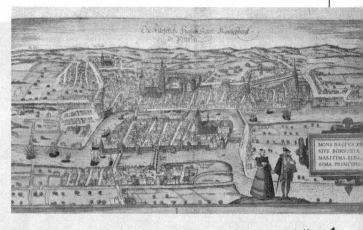

这张地图显示出了7座桥中的6座，图中的女士指住了第7座桥。

欧拉数

欧拉在每一个数学领域都取得了突破和进展。18世纪伟大的法国数学家皮埃尔-西蒙·拉普拉斯曾经对年轻的数学家说："读读欧拉，读读欧拉的书，他是我们中的大师。"欧拉最著名的两项成就以他的名字命名：欧拉数和欧拉恒等式。前者指的是无理数e，它是由欧拉发明的符号，可能是源自"exponential"的首字母。

计算e值的一种方法就是利用方程 $(1+^1/_n)^n$。当 n 越大时，此式的值就越接近一个极限，但这个极限永远无法达到，因为它是一个无理数，即一个小数点后有无限多位的数（此处列出e的前10位小数）：2.718 281 828 4…。这个数字是自然产生的——例如，它出现在人口增长、癌细胞裂变和放射性衰减中——它是自然对数的底，常见对数（见第136页）的常用替代品。它还在其他领域出现，例如银行复利。计算复利年利率的公式就是 e^r-1，r 是利率，所以如果名义年利率是20%，或写作0.2，那么其有效年利率就是 $e^{0.2}-1=0.2214…$。这个利率可以和普通利率一样计算每年的回报。例如，一笔10 000美元的投资在一年的连续复利之后就会变成12 214美元。

欧拉最著名的成就是他发现了不同数学领域的数字和概念之间的深层次联系，欧拉恒等式就是一个最主要的例子。$e^{i\pi}=-1$（此处是虚数 $\sqrt{-1}$），它被数学家们视为最崇高而美妙的等式，因为其中涉及了欧拉数、指数、负数、虚数和 π。

欧拉命名的数学符号

欧拉最伟大的遗产之一就是他命名的数学符号。据德克·斯特罗伊克说，"他命名的数学符号几乎和现代的一样——或者应该说，我们使用的数学符号几乎和欧拉的一样"。欧拉命名或推广了许多现代数学符号，其中包括：

- 符号e表示自然对数的底；
- 符号i表示虚数，是-1的平方根；
- 符号 $f(x)$ 表示函数（表达变量间关系的方式）；
- 希腊字母 Σ (sigma) 表示一系列数字的和；
- 希腊字母 π 成为pi的标准符号；
- 缩写"sin""cos"和"tan"分别表示三角函数sine、cosine和tangent；
- 在代数中使用 a、b 和 c 表示常数，x、y 和 z 表示未知数。

进入现代

到了19世纪与20世纪，数学进入了奇怪的新领域，诸如统计学、博弈论与计算机数学迅猛发展。数学的极限已经被证明超越了不可能，同时数学家们也掌握了无限的概念。数学为计算机革命打下了基础，而计算机反过来帮助数学发现了奇怪的混沌世界。在这个世界里，一切都不确定，但同时一切都不是随机的。

采用混沌理论创作的艺术作品，利用了用来模拟大海产生波浪的混沌过程。

统计学

统计学是数学的一门分支学科，用来描述和分析数据，并进行推断。进行推断，或者说演绎推理，意思是由个体推广到全部。比如说，如果你知道了一座城市中1000人的死亡年龄，从这一具体数据中你可以推断出这座城市总体的人口寿命信息。

统计学是数学最有力亦是应用最广泛的分支之一，在许多领域——从科学研究、工程学、人工智能、计算数学和信息技术，到商业、教育、健康甚至政治——有着重要的作用。

统计简史

统计学与概率论紧密相关，它与随机和非随机事件都有关，涉及可能性的分布模式，还与相关性有联系。据说，统计学起源于费马的成果以及帕斯卡关于概率论的部分研究成果。之后，约翰·格朗特制作了寿命表格（见第151页）。数学家和天文学家埃蒙德·哈雷于1693年在此基础上完成了论文《根据布雷斯劳城出生与葬礼的统计对人寿命的估计以及对确定养老年金的尝试》。

这标志着将统计学手段运用于保险业（博彩的一种，因此涉及概率）盈利的漫长历史的开端。

查尔斯·约瑟夫·米纳德在1869年所作的图表，显示了拿破仑率领军队入侵俄罗斯最终败退过程中的军队规模，常被认为是史上最好的统计图表。

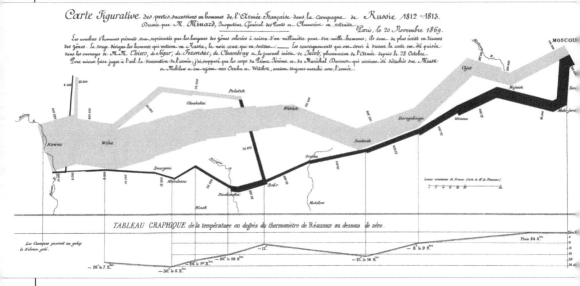

另一个令人信服的开端，是英国统计学家R.A.费舍尔（1890—1962年）在1925年影响深远的书《研究者的统计手段》中提到的。这本书被视作统计学历史上里程碑式的作品。在这本书的序言中，费舍尔指出英国数学家托马斯·贝叶斯（1701—1761年）在1763年出版的《关于解决概率准则问题的论文》，是"第一次尝试用概率的理论作为工具进行演绎推理，也就是从个体推广到全部，从样本到整体"。贝叶斯去世后出版的论文中，描述了一种估计条件概率的方法，也就是一个事件在已知另一个事件已经发生时的概率。更宽泛地说，就是如何区分因与果。贝叶斯定理［用代数形式写成$P(A|B) = P(B|A)P(A)/P(B)$，竖线表示"给定"，$P(A)$表示事件A发生的概率，$P(B)$表示事件B发生的概率］可以定量计算不确定性，给出一个数值来衡量假设为真的可能性。

在19世纪早期，贝叶斯公式成为统计学第一次繁荣的基础，也就是天文学中的误差理论。当时的天文学家既想让他们的科学建立在最广泛的基础上，又希望这个基础尽可能严格。于是他们就综合了多个天文台的观测数据。但同时他们也意识到，在天文学的实践中，不同天文台的观测结果存在着许多误差。令人意外的是，通过望远镜观测星星从本质上来说居然是相当主观的做法。于是，以法国数学家皮埃尔-西蒙·拉普拉斯（1749—1827年）和德国数学家卡尔·弗雷德里希·高斯（见第172页）为首的一些数学家将概率引入数学。"为的是消除由于仪器和肉眼观测带来的不精确性。"英国统计学家托马斯·辛普森如是说。正是他引入了"误差"这一概念。

在19世纪与20世纪之交，英国生物统计学家弗朗西斯·高尔顿（1822—1911年）与卡尔·皮尔逊（1857—1936年）一起创造了现代统计学。他们提出了诸如相关性（对两个变量变化协同性的量化）与多重回归（一种描述多个独立变量和一个非独立变量之间关系的方法）等概念。与此同时，费舍尔帮助推广了显著性检验的理念，这种检验方法用来分析随机得到的结果有多大可靠性。这些方法正是现代科学研究中使用的统计方法的基石。

正态分布

亚伯拉罕·棣莫弗（1667—1754年）是一名数学家，他经常为赌徒提供咨询服务。他发现了现在我们所知的正态分布，或者称为"钟形曲线"（因为分布曲线看起来像是钟的形状）。这条曲线通过在一个平均值周围描点得出，可以运用在各种数据上。比如说大众的身高分布，或者是一个球在经过钉格随机碰撞之后的落点。在正态分布中，大多数数据点落在中间，即平均值的附近。距离中心越远，点就越少，所以曲线的两端代表了最极端的异常值。正态分布为分析个体差异与总体分布提供了有力的工具。比如说，在体育项目中，你可以通过与平均表现的差距看出谁是杰出运动员。点与中心的距离叫作离差，通常用标准差（SD）作单位。在正态分布中，68%的值落在距离均值1SD的距离内，95%的值落在距离均值2SD的距离内，99.7%的值落在距离均值3SD的距离内。

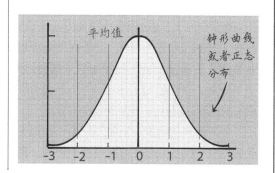

无限与超越

在19世纪，数学家们进入了一个神奇的领域。这里有新的维度、虚数，还有只有一个面的表面。一马当先的是德国数学家卡尔·弗雷德里希·高斯（1777—1855年），有人称其为"数学王子"。

高斯是一名数学神童，他3岁时就纠正了爸爸的算术错误，7岁时速算出了1到100之间整数的和（见第7页），令大人们十分吃惊。成年后，他在数论、几何、统计、天文学与电磁学方面取得了许多突破。

逼近极限

即使是高斯，这个被当时人们认为是那个时代甚至是自古以来最伟大的数学家的人，也遇到了似乎无法逾越的障碍：无穷。自古希腊时代起，无穷就是个问题。芝诺提出的著名悖论阿基里斯与乌龟（见第70页）点明了这一问题。比如说，一个数除以无穷（通常用符号 ∞ 来表示）应该是多少呢？1除以无穷（$^1/_\infty$）不能说等于0，因为就算有无穷个0加在一起还是等于0。然而如果结果哪怕是比0大一点，无穷个累加起来也会得到无穷！

一种绕过这个问题的方法是使用极限（见第164页）。我们先不用无穷去除1，而是用不断增大的数去除1，这个结果会变得越来越小。函数（$^1/_x$）的图像显示随着x趋近于无穷，函数值趋近于0，于是我们可以说$^1/_x$的极限在x趋近于无穷时趋近于0。

对于增长的函数，例如2x，我们可以说函数值在x趋近于无穷时也趋近于无穷。使用极限看起来躲过了问题，然而，它并没有

年轻的数学神童高斯。

解释究竟什么是无穷。

"我反对把无穷当成一个实际值来使用，"高斯写道，"这在数学上是不允许的。无穷应当只是一种说法，这种情况下有的比例可以被无限逼近，有的则会发散，无限增长。"直到集合论出现之后，真正的无穷概念才被数学界接受。集合论是一种逻辑系统，它把所有的整数都看作整数集的子集，而整数集是无穷的。此时，数学已经逐渐变成了哲学。

数学的极限

集合论最终自己定义了数学的极限。在20世纪早期，德国数学家大卫·希尔伯特（1862—1943年）想要建立公理化的数学基础，这样所有数学定理都可以通过少数几条公理得到证明。然而，他的这一雄心壮志被奥地利数学家库尔特·哥德尔（1906—1978年）的不完全性定理击碎了。在许多方面，哥德尔的定理都证明了，可以证明的数学定理的集合只是所有为真的数学定理的子集，并且这两个集合是"不重合的"。换句话说，一定存在为真但却无法证明的定理，于是希尔伯特的数学梦想也就永远地破灭了。

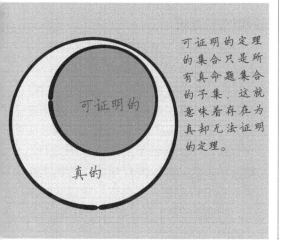

可证明的定理的集合只是所有真命题集合的子集，这就意味着存在为真却无法证明的定理。

希尔伯特的旅馆

大卫·希尔伯特用一个有趣的悖论形象地说明了无穷的一种特性。他假设了一家旅馆，有无穷个房间，入住了无穷个客人之后客满了。显然这家旅馆已经没房间了吧？事实上，希尔伯特指出，只需要让旅馆经理请每一位客人都住到下一间房间去就可以了：一号房的住二号房，二号房的住三号房，以此类推。有无穷的房间可供转房，因此一号房就空给了新客人。甚至可以为无穷位新客人找到房间，只要让客人都住到房间号为现在的两倍的那个房间去就可以了。一号房的住二号房，二号房的住四号房，三号房的住六号房，以此类推。这样奇数号的房间都空了出来，可以入住无穷位客人。

库尔特·哥德尔与爱因斯坦在散步。

机器数学

1854年爱尔兰数学家乔治·布尔（1815—1864年）的一本书出版了，他说："这是我对科学已经做出或是将要做出的贡献中最有价值的，如果不是唯一有价值的话。我希望以此被后人铭记。"

这本书就是《思维规律的研究》。这本书通过把逻辑运算转化为代数运算，将逻辑与数学结合在了一起。事实上，布尔在微积分学上也颇有建树。据说，有一天他在回家的路上被雨淋湿生了病。他的妻子却有种奇怪的想法：要治病就得再经历一次得病的过程。于是她让布尔躺在床上，往他头上淋了一大桶水。结果布尔再也没好起来，最终死于肺炎。

能行的方法

布尔逻辑构成了数字计算的基础，因为它提供了一种系统，可通过简单的步骤得出复杂的结果。布尔逻辑使用的运算被计算机科学家们称作逻辑门。比如说，与门就是需要输入x与y来得到结果z，而或门则是x或$y=z$。与非门是x或者y但不同时$=z$。通过这3条简单的指令，机器或者电路就能够进行加法运算（通过反复加法以及反向加法，就可以进行减法、乘法和除法运算），并输出结果。

布尔逻辑是一种能行的或者说机械的方法。通过这种方法，执行一套精确的、步步为营的指令，能将输入指令转化为输出结果。在19世纪晚期和20世纪早期，这套系统被用于早期的"计算机"，也就是被雇来执行不用动脑筋的数字计算的职员们。他们不需要明白背后的数学，只需要跟随指令得出

给机器赋予布尔逻辑之后的最终结果。

结果就可以了。

通用的图灵机

正是见识到了机器能够执行这种能行的方法，英国数学家阿兰·图灵（见第176页）提出了著名的通用图灵机的模型。这是一种简单的装置，有一个扫描仪，能够同时读或者写一张两头都无尽的纸带。扫描仪头部可以读出下面的纸带上写的是1还是0，并根据预先设定的程序进行反应。根据正在接收的指令以及输入的内容（它读取的内容），扫描仪的头部可以更改现存的符号并写上新的，向左或者向右移动一格，停下，或是处于更改状态（意味着遵循一条不同的指令）。只需遵循这些规则，一台通用图灵

埃尼阿克，第一台通用电子计算机。

巴贝奇差分机的一部分。

机就能做到现代计算机能做到的一切，只要给它无限的时间和纸带。

比如说，如果给它设定程序来制造布尔逻辑门，那么机器就能成为一台"二进制加法机"，这种系统能对二进制输入求和（也就是把数字加起来）。这正是现代电子计算机所做的，不过现在的计算机拥有64台甚至更多二进制加法机，1秒不到就能完成数字巨大且复杂的计算。

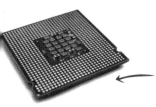

计算机芯片，利用布尔逻辑来运算。

分析引擎

图灵发明的机械计算机以及20世纪30年代的其他设想，与当时的通用计算器有着根本上的不同。计算器只能接收数字输入，进行数字运算后给出数字结果。计算机则可以接收任何输入或者输出，只要是它能接收的符号表格内的符号就可以，并且可以根据编程执行任何运算。所以，当图灵与工程师托马斯·弗洛斯在1943年合作建造了第一台电子计算机克罗索斯时，它成了技术史上的里程碑。但它并非第一台机械计算机。第一台机械计算机是由英国数学家查尔斯·巴贝奇（1791—1871年）设计并制造的。在19世纪20年代，巴贝奇设计制造了一种精密的机械计算机差分机的一部分。之后在1834年，他设计了一种更富有野心的机器——分析引擎。这可能是第一台通用数字计算机。它有着记忆存储单元以及中央处理器（也叫"磨坊"），还可以用丝带串起来的打孔卡片编程（巴贝奇从提花机上得到的启发）。不幸的是，这种设计需要的技术超越了那个时代，需要的资金也超越了巴贝奇的经济能力。因此，他没能建成全尺寸的机器，不过他在去世之前建成了部分简化的版本。

阿兰·图灵

阿兰·麦席森·图灵（1912—1954年）通常被认为是"计算机之父"。他是一位才华横溢的数学家与科学家，却有着离奇且悲剧的结局。

图灵最著名的成就是提出了通用图灵机这一模型（见第175页），设计并制造了世界上最早的一批电子计算机，以及第二次世界大战期间，他在白金汉郡布雷契莱庄园的英国政府编码及加密学校里做密码破译工作。

← 阿兰·图灵。

悬而未决的问题

图灵的第一项重大突破，是在仅22岁时就提出了通用图灵机这一模型。这不仅为现代计算机技术提供了理论基础，还让他想出了一种类似哥德尔不完全性定理的证明（见第173页）。大卫·希尔伯特想要证明所有的数学定理都是完全的（也就是说可以证明为真的）、可判定的。可判定的意思

图灵测试

1950年，图灵写了一篇文章，在人工智能方面影响深远，其中谈到了机器是否能具有智能的问题。对图灵来说，这个问题太模糊了，以至于没有什么意义。他提出了一个替代性的问题，能够更有效地回答机器是否能具有智能。要回答这个问题，图灵首先提出了一个被他称为模仿游戏的版本。这是一种起居室里玩的游戏，问问题的人通过纸上写的问题来判断两位回答者中谁是女性。在图灵测试中，两位回答者中有一台机器，另一位则是人类。挑战的内容就是，看这位人类裁判能不能通过一系列涉猎广泛且极具洞察力的问题判断出谁是谁。每年的罗布纳奖都会为写出通过图灵测试的程序的团队提供现金奖励。尽管图灵乐观地预测2000年的时候，机器就能有70%的通过率，然而时至今日都没能接近这一结果。

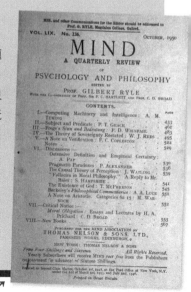

图灵在这份刊物上发表了他影响深远的论文，提出了图灵测试。

布雷契莱庄园，第二次世界大战期间英国的情报破译中心。

就是可以用能行性程序来证明为真。而能行性程序的意思是执行一套精确的、步步为营的指令。哥德尔彻底打破了数学完全性的可能，通用图灵机则证明了没有哪种连续正式的算术系统是可判定的。

炸弹惊奇

第二次世界大战爆发后，图灵被征召参加了布雷契莱庄园绝密的研究员会议。在那里，他负责指导构思和设计破译密码的设备，该设备被誉为破解德军恩尼格玛密码机的"炸弹"。

将图灵的工作成果与德军最高司令部的"鱼"密码机结合之后，得出的成果据说使得战争提前了两年结束。图灵因此获得大英帝国勋章，不过布雷契莱庄园依旧是绝密的所在，直到他去世后很久才解密，因此大众对他战时的工作一无所知。

图灵是被谋杀的吗？

阴谋论者指出，暴露了性取向的图灵是英国当局的一块心病。情报局担心有人会对这些天才的同性恋者设套，并利用他们窃取情报。当时图灵还在进行高度机密的工作，然而他还是一名活跃的同性恋者，并且会前往周边的欧洲国家度假。有没有可能是情报局认为他是重大安全隐患，于是暗杀了他们雇用的最伟大天才？

ACE，人工智能与人工生命

第二次世界大战后，图灵加入了制造世界上首台可存储程序的电子数字计算机的比赛中。他为伦敦的国家物理实验室设计了一台野心勃勃的高规格的自动计算引擎（ACE，也有"王牌"之意）。不幸的是，它的设计太过超前于时代。比如说，它需要一种高速的记忆体，类似的记忆体直到早期的苹果计算机才使用上。图灵在这场竞赛中败给了曼彻斯特大学的皇家学会计算机实验室（RSCML）。

在搬到RSCML之后，图灵继续研发计算机的结构与程序，帮助设计了费伦蒂马克一号，这是世界上第一台可商用的电子数字计算机。但是他的工作深度远超过计算机技术，他把计算学的探索类比于人类的自我认知，使他成为认知学的奠基人之一。图灵还在人工智能（见前页方框：图灵测试）方面做了一些早期的重要工作。当他去世时，他还在人工生命的新领域探索，这一领域的目标是在网络空间里制造能自我复制的生命系统的模型。

有毒的苹果

图灵在世时，同性恋仍然是非法的，更糟糕的是，图灵暴露了他的性取向。1952年，在向警察报告他家的入室盗窃案时，他愚蠢地或者说天真地说出了他的同性恋取向。之后他被起诉、定罪，强制接受激素治疗。他失去了之前参与的重要情报工作，还要接受当局充满威压的监视。这一切与他1954年的自杀是否有关，如今已不得而知，不过似乎他是用氰化物包裹或是将其注射进了一只苹果，然后咬了下去。图灵最爱的电影是《白雪公主与七个小矮人》，他似乎落入了巫婆邪恶的魔咒："苹果蘸一蘸毒药，死亡在睡眠中拥抱。"

囚徒困境：博弈论

博弈论是对竞争或者冲突情形下进行的决策的数学研究。这些情形包括纸牌游戏中容易理解的场景，也可以延伸到签订和平条约、股票市场的动荡甚至是动物的求生策略。

博弈论简史

帕斯卡关于信不信上帝的赌约（见第154页）可以看作博弈论的一种形式，不过这一课题直到20世纪20年代才正式形成。它是由美籍匈牙利裔数学家约翰·冯·诺依曼（1903—1957年）在1928年提出的"起居室游戏理论"发展而来的。在关于这一课题的论文中，冯·诺依曼分析了两人零和游戏（一人的损失就是另一人的收益）背后的数学原理，提出了一种叫作极小化极大的博弈论基础定理，也就是最小化最大可能损失或者是最大化最小可能收益的策略。在20世纪50年代，美国数学家约翰·纳什，也就是因电影《美丽心灵》出名的那位（见第181页），继续研究博弈论并最终以此赢得了诺贝尔奖。时至今日，博弈论被用于指导政府拍卖、开展和平会谈，以及设计金融交易的程序。2005年、2007年以及2009年诺贝尔经济学奖的获得者或多或少都算是博弈论学者，由此可见博弈论在经济学领域的中心地位。

做最坏打算

囚徒困境这个简单博弈是博弈论的经典例证。这个博弈假设了一个场景，有两个囚徒，我们称他们为迪克·杜尔宾和布西·马龙，他俩都因为涉嫌谋杀被捕，并且被分开审讯。如果两人互相揭发，则分别获刑10年。如果两人都抵赖，那么都只会被以较轻的罪名定罪并服刑2年。但是如果只有一个人揭发对方，那么他可以立刻获得自由，而另一个人则要服刑20年。那么这两个囚徒最理性的策略是什么呢？

博弈论解决这个问题的方法是画一张表格来表示每个玩家的策略与支付。支付就是两人采取的策略结合之后得到的结果，如下页所示。

博弈论帮助经济学家分析交易员们如何行动以及为何采取这样的行动。

		布西·马龙（BM）	
		认罪	抵赖
迪克·杜尔宾(DT)	认罪	DT 10年/BM10年	DT 0年/BM 20年
	抵赖	DT 20年/BM 0年	DT 2年/BM2年

看上去这两人最好的做法应该是抵赖不认罪，可以获得相对较短的刑期。但是博弈论分析却认为这对理性玩家来说是错误的。支付矩阵显示，对每个人来说，抵赖的风险/回报率都是最差的（风险20年/回报2年），而认罪的策略比率就好很多（风险10年/回报0年）。

博弈论的假设之一就是玩家都是理性的，并且他们也要根据其他玩家的理性策略做出回应。如果迪克·杜尔宾理性地思考了他的选择，就会发现如果选择抵赖，那么4种结果中一种有回报；然而认罪却能最大化他的收益，至少可以躲过最重的处罚。布西·马龙也会进行同样的理性思考，这样一来两个罪犯就会同时认罪并各自服刑10年，虽然他们本可以只各自服刑2年。（这是纳什均衡的一个例子，见第181页。）博弈论证明了理性分析可能导致一种明显违背直觉的结果。

打球

博弈论背后潜藏的假设可能是它不适用于真实世界的运动，比如棒球或是美式橄榄球。但是2009年美国国家经济研究局发表了一份有趣的研究结果。研究显示，博弈论实实在在地能够帮助球队在这两大体育联盟的赛事（指前文的棒球和美式橄榄球）中取得胜利。比如说，在对棒球大联盟的博弈论分析中，如果投手投出的快球能减少10%，那么一个赛季下来成功的击打也会减少15次，这差不多是整个队击打次数的2%，这意味着一年里可以获得两场额外的胜利。同样，在美国国家橄榄球联盟的赛事中，博弈论预测，如果一支队伍能把传球时间从56%（2009年的平均数据）提高到70%，一个赛季下来就可以多得10分，这相当于他们总分的3%。

棒球队和橄榄球队都能够受益于博弈论。

博弈的元素

根据定义，博弈论中的博弈要有以下3个基本元素。

玩家：参与者，假定是完全理性的（就是他们只以理性方式行事，这一假设限制了博弈论在现实世界中的运用）。

策略或行动：玩家采取的行动。

支付：一种策略带来的结果，可以是得分、奖励或是惩罚；也称为效用。

约翰·纳什

多亏了2001年的电影《美丽心灵》，约翰·纳什（生于1928年）现在跻身于当代最著名数学家之列。纳什在数学上做出了重大贡献，包括发现了博弈论中的纳什均衡以及复几何学上的工作，这使他获得了诺贝尔奖以及一次菲尔兹奖（数学界的最高荣誉）提名。然而在生活中他却远离了数学，以至于当时人们猜测他已经死了。

美丽的论文

1948年，纳什从卡内基理工学院（现在的卡内基·梅隆大学）毕业，前往普林斯顿大学攻读数学博士学位。他本科导师的推荐信非常简洁："这人是个天才。"当时，统领普林斯顿大学数学系的是"博弈论之父"约翰·冯·诺依曼。他正准备将他的分析从公开零和博弈（双方的行动都是可见的，所以称为公开；一人所获即另一人所失，所以称为零和）推广到新的领域。新的领域里结果不是那么二元对立的，玩家也可

拥有隐秘的信息。然而，这需要从数学上对结盟和合作策略进行建模，在当时这被证明是不可行的。

纳什采取了一种违背直觉的方法，他通过观察个体的决策来探索博弈中团队动态的效果。他提出了均衡的概念，处在均衡状态下时，每个玩家都会锁定自己唯一的策略，因为别的玩家都锁定了自己的策略。所以每个玩家会采取一组固定的策略，即使这种策略并不能最大化个人支付结果（见下页方框：纳什均衡）。纳什从数学上证明了这样的均衡广泛存在于各种博弈中。尽管被冯·诺依曼泼了冷水，在1949年纳什仍就他的均衡理论写了一篇经典论文。这篇论文最终在1994年使他获得了诺贝尔经济学奖。芝加哥大学的博弈论专家与经济学家罗杰·迈尔森评价道："纳什的理论……现在应当被认定为20世纪最杰出的智慧成果之一。纳什均衡公式的成立对于经济学和社会科学有着基础且广泛的影响，其影响相

普林斯顿高等研究院，纳什曾经在这里待过很短一段时间。

《美丽心灵》中的一幕，
罗素·克劳扮演纳什。

当于DNA双螺旋结构的发现对生物科学的影响。"

心中之火

发表了里程碑式的论文似乎暗示着纳什踏上了一条通往数学巅峰的道路。1951年，他前往麻省理工学院，开始研究其他的数学领域，诸如微分几何学（将微积分学和代数学运用在几何学上）和流形上的几何学（一种抽象空间，足够近地看，与普通几何学的二维或是三维空间相似）。然而，就在1958年，他获得菲尔兹奖提名，达到了人生的巅峰时，他却突然疯了。

纳什从小就表现得有些古怪，到了20世纪50年代后期，他彻底成为被害妄想症患者，最终被送进了精神病院。在接下来的30多年里，纳什与精神病魔顽强斗争，多次进出精神病院。最终他战胜了精神疾病，据他自己说，是依靠理性赶走了它们。到了20世纪90年代，他归来参与了新的研究。

1994年，因为在博弈论方面广受认可的工作成果，他与其他探索纳什均衡分支的人分享了诺贝尔经济学奖。同年，美国政府根据博弈论组织了一次移动电话频段的联邦拍卖，净赚70亿美元。《纽约时报》称这次拍卖为"史上最大拍卖"。2013年，纳什仍然从事数学研究，研究的方向包括逻辑学、博弈论、宇宙学和引力理论。

纳什均衡

设想有20个农民组成了合作社，要购买20台新的拖拉机，每个农民的农场一台。有两种型号可供购买，豪华的20 000元一台，平价的10 000元一台（至于是什么货币无关紧要）。农民们同意合作社内平摊花费。由于手头紧，农民们个人都倾向于平价的款型。但是，作为理性的参与者，每个人都意识到如果只有他买平价款而别人都买豪华款，他只能省下500元（390 000/20=19 500），而他拿到手的还是平价款。所以每个个体理性的选择是购买豪华款，这个团体的纳什均衡就是一起选择20 000元的拖拉机。个人的最优策略导致了整体最不希望的结果出现。纳什均衡的另一个实例是囚徒困境的理性结果（见第179页表格）。

混沌理论

1961年的一天，美国数学家爱德华·洛伦茨（1917—2008年）正在运行一个天气的计算机模拟软件。他注意到了一些奇怪的东西。他两次运行同一个模拟程序，最初的参数都一样，他却得到了两个完全不同的结果。这就好像是计算两次2+2却得到了两个不同的答案。

最终，洛伦茨追踪到了问题的根源：第二次时他输入的参数只保留到小数点后3位而不是6位，导致了一些微小的误差。然而最初条件里这个小小的变动却得到了截然不同的结果。这一发现使得洛伦茨开始思索："是否有可能巴西的蝴蝶扇动一下翅膀就导致得克萨斯州的龙卷风？"洛伦茨发现了蝴蝶效应，并且开创了数学的一个崭新分支：混沌理论。

混沌革命

事实上，混沌理论早就出现了，只是没有被意识到而已。在1900年左右，法国数学家和物理学家亨利·庞加莱（1854—1912年）发现了动力学不稳定现象。在当时，物理学和数学的准则是确定性，即如果你知道了任何系统或者过程的初始条件，那么你就能确定结果。这一点的终极实例就是行星的运动。牛顿力学已经完整且详细地阐明了这一点，给出天体更精确的位置和运动轨迹，就能够精确地预测它们的位置。庞加莱发现对所谓的"三体问题"（3个天体互相环绕运动），这一点不成立。预测它们运动轨迹的等式，即使是小小的误差也会导致截然不同的结果，使得预测结果有着极大的不确定性。不论最初的不确定性有多小，最终的不确定性都是巨大的。在庞加莱的时代，这被称作动力学不稳定性，现在则被称为混沌。

庞加莱和其他人的工作成果预见到了混沌理论，却不为人们所知，直到洛伦茨和他

从太空中看到的风暴系统——它有没有可能是由大洋之外蝴蝶翅膀的一次扇动引起的？

空气中的涡流是混沌系统。

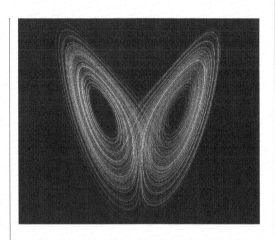

二维空间中的洛伦兹吸引子。

的蝴蝶效应诞生。现如今它被认为是20世纪最为基础和重要的发现之一。

混沌理论动摇了物理学界的确定性观点，证明从天气系统到水轮系统，许多系统的行为都是无法精确预测的。

疯狂中的方法

混沌在数学上的意思并不是随机或是无序，许多混沌系统都表现出规律模式或是循环。它们可以通过"相空间"来实现可视化。给出一个变量或者参数的集合，比如在天气的例子中，可以是温度、气压、湿度、降水量和风速，都通过一个个的点来表示。每个点代表了系统在这一时刻的状态。不论起始状态如何，这样的系统都会趋向于一个均衡状态。就好像雨水落在河流的集水区后，都会因为重力顺着地形流入谷底汇入河流。在相空间中，相当于重力的东西被称为吸引子，因为任何开始状态的集合只要落在吸引子的区域就会演变到吸引子决定的均衡状态下。有序的系统有着固定点、有限的循环或者是周期性的吸引子。比如说，一个钟摆就是一个有序的系统，它有着固定的吸引子。而一个狩猎者-猎物的系统则是一个有着有限循环或者周期性吸引子的有序系统。

相反，混沌系统有着奇怪的或者说混沌的吸引子，系统的状态永远无法被精确预测或是精确重复，它趋向于在不同状态的均衡中摆动或是循环。

混沌系统相空间的一大特点是，尽管整个系统具有规律，但是不论观察得多么细致，它总是表现出同等程度的复杂度和不可预见性（这被称作具有分形性）。比如说，洛伦兹建立了简单系统下的气体模型，系统在任何时点的状态都由之前的状态决定。他发现，系统的表现具有混沌性。当他在相空间中对结果作图时，得到了一个极富特性的双螺旋图形，类似于蝴蝶的翅膀，现在这个图形被称为洛伦兹吸引子。

一个芒德布罗集合的分形，不论你对边缘部分进行何等细致的观察，它都表现出同样的复杂度。

分形

如果你画一个三角形，并且在它的每条边上作小一些的三角形，得到的图形仍然包含在原来三角形的外接圆以内，因此新的面积仍然小于外接圆的面积。如果你无限重复这一操作，你最终会得到一个被称为科赫雪花的几何图形。这个图形有着无穷的边长，但是面积却是有限的，永远小于那个外接圆。科赫雪花是一种分形，分形在各个层级都是自相似的，也就是说它的复杂度是无穷的。分形在自然界中很常见，比如你

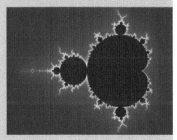

观察海岸线，不论你观察得多么细致，你总能观察到同样的复杂度。程序员利用这一点，使用分形生成软件得到的计算机游戏图像模拟自然现象。

保罗·厄多斯：
我的头脑是开放的

有关数学的故事中总是有各种古怪又出众的人物，但是很少有匈牙利数学家保罗·厄多斯（1913—1996年）这样的。他超凡的一生横跨多个大陆以及年代，他的工作方法成了传奇。他的工作涉及数学的多个分支，不过最令人难忘的还是他的个人缺点。

一个新住所，一种新证明

厄多斯的父亲是布达佩斯的一名犹太数学教师，20世纪的扰动在他的人生中留下了深深的烙印。第一次世界大战期间，他的父亲被俄国人逮捕并被送往西伯利亚的集中营，之后他的母亲又得罪了匈牙利的法西斯主义者。最终，由于两次世界大战期间匈牙利反犹太主义不断升温，他不得不流亡国外，先是前往英国，之后又前往美国。他出色的数学天分使他获得了许多职位的邀约，但是他选择一生只做一名逍遥的学者。他只靠一个手提箱和一个破烂的塑料袋过活，因此而出了名。他在一个地方只住到解开一个数学问题为止，几天之后就前往下一个住所、大学或是国家。据说他的人生格言是："一个新住所，一种新证明。"

厄多斯的贡献涉及数学的各个领域，他与数以百计的合作者共同攻克数学难题。这些难题涉及图论、集合论、数论、组合学（数学的一个分支，研究物体排列组合与计数的方式）、逼近论（研究复杂的函数被简单函数逼近，如何逼近，逼近到什么程度）以及概率论。

他尤其关心如何通过优雅的证明揭示深奥的真理。他最著名的一些成果是对已解决问题的证明。比如说，在1845年，法国数学家约瑟

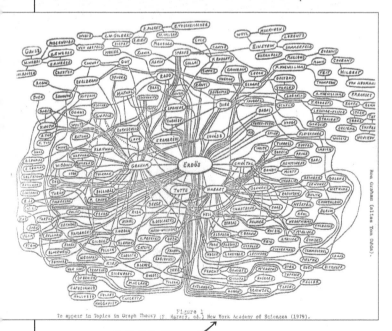

Figure 1
To appear in Topics in Graph Theory (F. Harary, ed.) New York Academy of Sciences (1979).

Ron Graham (alias Tom Odda).

厄多斯数图。

保罗·厄多斯，流浪的数学家。

夫·贝特朗（1822—1900年）提出了一个著名的猜想，内容简洁到可以唱出来："我再重复一遍，总有一个质数在*n*与2*n*之间。"（换句话说，在任何正整数和它的两倍之间总有一个质数，比如说2和4之间有一个质数3。）贝特朗猜想早在1850年就得到了证明，但是厄多斯在他仅18岁时又得出了一种简洁的证明方法。

流浪的数学家

在厄多斯的祖国，一个又一个极权主义政权不断更迭，战争与种族屠杀摧残着他的家庭，他已经习惯了这种浪迹天涯的生活。他常常出现在朋友或是数学合作者家门口，在那里住上几天，给别人带来各种麻烦，之后又前往下一个住所。他几乎只为了数学而活，凌晨5点他欢快地来到房主的卧室，声称他现在"思路打开了"，然后就开始讨论数学问题。他的演讲充满热情但又很古怪，部分原因可能是他大量使用兴奋剂，包括安非他命和咖啡因。他有一条著名的格言："数学家就是把咖啡转化成数学定理的机器。"

他对数学之外的事情几乎一无所知。比如说，虽然他有那么几套内衣，但是他几乎不会操作洗衣机，完全靠他的房主帮他洗衣服。他是出了名地节俭，但总是很快就把演讲得来的钱转手。他说："个人财产是个累赘。"有一次他把自己几乎所有的钱都给了一个向他要钱买一杯茶的流浪汉，还曾经慷慨地借1000美元给无钱上哈佛大学的学生。后来这个学生想要还钱，厄多斯让他用这笔钱继续资助别人。资金的缺乏并没有影响厄多斯设立一系列奖项，或者说"合约"，这些奖项都是针对一些特定难题的。

厄多斯数

厄多斯在相当长的一段时间里非常高产。他在70多岁时还有时一年发表50多篇论文。他打趣道，他的成果应该以重量来衡量，而不是质量水平。更出彩的是他的合作范围之广。当他于1996年去世时，他与485人合作发表过论文，超越历史上任何一位数学家。他在国际数学家中广泛的人际网衍生出了厄多斯数。任何与厄多斯本人共同写作过的数学家的厄多斯数为1，与这些人合作论文的人的厄多斯数则为2，以此类推。到20世纪90年代末期，所有数学家中厄多斯数最大的是7，不过现在可能有所增长。那些厄多斯数为1的数学家都觉得自己太幸运了。

术语表

变量： 会变化的量。也可以指表示未知数的字母或符号（通常是x或者y）。比如在$4x+5=15$中，变量是x。

毕达哥拉斯三元组： 任意3个整数a、b、c，如果$a^2+b^2=c^2$，那么这3个数就组成了毕达哥拉斯三元组，例如，$3^2+4^2=5^2$。

表达式： 一组用项（数字或符号标记）和运算符号（如"$+$"或"$\times$"）来表明某值的式子；表达式中包含计算过程或公式（例如$x+y+z$），但是表达式中是不能含有等号的。

标准差： 一组数据离散程度的测度，也就是用来表示一组数据有多分散的数值。它的值等于每个数与平均值作差之后，求平方，再求和，最后对和开平方得到的数。

柏拉图立体： 一种凸立体图形，它每一个面的面积和形状都相同。只存在5种柏拉图立体，分别是：正四面体（每个面都是正三角形）、立方体（每个面都是正方形）、正八面体（每个面都是正三角形）、正十二面体（每个面都是正五边形）和正二十面体（每个面都是正三角形）。

半径： 一条从圆心到圆弧上的线段，其长度等于直径的一半。

常数： 一个固定的值，与变量（即可以变化的值）相对。在代数学中，常数即一个数字本身。例如在等式$x+3=7$中，数字3和7是常数；常数的代数符号通常为字母表内靠前的字母，如a、b和c。

导数： 在微积分学中，用于表示一条曲线的斜率的函数，也就是曲线上每一点的正切值构成的函数。

倒数： 两个积为1的数互为倒数，如3和$^1/_3$。也可以用负一次方来表示，也就是$^1/_3=3^{-1}$。

对数： 一个数自乘若干次就会得到另一个数，这里的次数就是对数。第一个数称为底数，而第二个数称为变元。比如10自乘3次就得到1000，那么以10为底，1000的对数就是3。

多边形： 由直线段构成的二维图形。正多边形的每条边、每个角都相等。

多面体： 由平面构成的立体，每个面都是一个多边形。

多项式： 含有多项的表达式，由变量、常量和/或指数组成。比如$4x^2+5-xy$就是含有3项的多项式（也就是三项式）。

二进制： 以2为基数的记数法，只使用两个数字0和1。例如，在二进制中，110表示的是十进制中的6。

二项式： 只有两项的多项式。

二次方程： 最高次项是二次项的方程，例如，$x^2+y=1$。

复数： 虚数与实数的结合，写作 $a+bi$ 的形式，其中 a 和 b 是实数，i 为虚数单位。

方程式： 表示两者相等的等式，在等号"="的两边使用数字和/或象征性的符号进行表示。

斐波那契数： 斐波那契数列中的数字。

斐波那契数列： 0，1，1，2，3，5，8，13，21…，数列中的任意数字都等于它前面的两个数字之和。

分形： 在不同比例之下保持形似的图形；换言之，无论你把一个图形放大或缩小多少，图形当中的任意部分都与整体相似。

分式： 表示整体中的部分，由数字或变量构成的比例式。分式下方的数，也就是分母，表示整体被分割的份数；上方的数，也就是分子，表明取其中的多少份。

公理： 不证自明的命题。

概率： 某个事件发生的可能性。概率用一个0到1之间的数来表示，0表示不可能发生，1表示一定会发生。

勾股定理： 西方称毕达哥拉斯定理，即直角三角形中，两条直角边的平方和等于斜边的平方，用代数形式表示就是 $a^2+b^2=c^2$。

根： 可以表示平方根，也可以表示立方根，还可以表示使函数等于0时变量的值，如 $x^2-4=0$，根就是 $x=2$ 或者 $x=-2$。

函数： 表示值之间的关系。函数有些类似于计算机程序的运行：设定输入值和运算方式后，反馈出一个输出值的过程；在函数中，每一个输入值只能对应一个输出值。短语"变量 x 的函数"写作 $f(x)$，故你可以写下 $f(x)=x^2$，用来表示" x 的函数等于 x 的二次方（平方）"——在这个 x 的函数式中，每一个输入值对应的输出值等于这个输入值的平方。

黄金比例： 也就是人们常提到的"黄金分割"，数值为 $(1+\sqrt{5})/2$，等于1.618 03…，这个量经常用希腊字母 Φ（Phi）表示。一条线段被切割成两部分，长线段与短线段长度之比和整条线段与长线段长度之比是相等的，就是黄金比例；它的倒数为0.618 03…，也就是说 $\Phi=1/\Phi+1$。

幻方： 一个正方形的网格，每一格中都有一个数字，如果每一行、每一列以及每条对角线上的数字之和都相等，那么这就是一个幻方。

弧度： 计量圆上角度的单位。一个角度在单位圆上对应的弧长就是其弧度。例如，$360°=2\pi$。

结合律： 一种代数加法或者乘法运算中的定律。在适用结合律的运算中，运算的顺序并不重要，例如，$(a+b)+c=a+(b+c)$。

基数/底： 基数表示记数法中所使用的数字的个数，如基数为2时，即为二进制，使用两个数字0和1；底表示乘方运算中被乘的数字，如 4^2 中，4是底，而2是指数。

积分法： 在微积分学中，求积分的过程。

极限：一个等式无限接近却永远无法等于的值。比如说，$1/x$随着x的增大会无限接近0，但是永远不会等于0。

级数：数列中各项的和，比如数列是1，2，3，4，5，那么级数就是1+2+3+4+5。

集合：一系列对象汇总成的集体，对象可以是数字。比如{1，2，3，4，5}就是小于6的正整数构成的数集。

交换律：一种代数加法或者乘法运算中的定律。在适用交换律的运算中，各项的顺序可以交换而并不影响运算结果，例如，$x+y=y+x$，以及12×4=4×12。

零和博弈：如果在一场博弈中，所有参与者的损失与获得和为0，那么这场博弈是零和博弈。如果只有两个参与者，那么一个参与者损失的也就等于另一个参与者获得的。

抛物线：一条拱形的曲线，上面每一点到一个点（称为焦点）和一条直线（称为准线）的距离之和为固定值。由于抛物线也可以通过切割一个圆锥得到，因此它也是圆锥曲线的一种。

平方：表示一个数与其自身相乘后得到的结果，比如4的平方是16。

平方根：一个数的平方根，自乘一次就会得到这个数。平方根也可以用$1/2$次方表示，n的平方根可以写成$n^{1/2}$。

平均数：也叫均值，是所有元素的和除以元素个数所得到的值。

求积分：用来计算曲线下方面积的方法。

曲线：一条圆滑、没有角的线段。在数学中，直线也是一种特殊的曲线。

三角形数：如果这个数量的点可以排列成三角形，那么这个数被称为三角形数。例如1，3，6，10，15等。

实数：数轴上的数，与虚数相对。

三角函数：特定的三角形中的比例，可以利用它们来根据已知的边和角求出未知的边和角。常见的三角函数有sin（正弦）、cos（余弦）以及tan（正切）。

三角学：顾名思义，是对三角形进行研究的学科，尤其是对正弦、余弦和正切函数的运用。

数轴：表示所有实数的线，包括正数、负数以及0。

三次方程：式中最高指数为3的方程式。如$x^3+7y+z^2=0$就是一个三次方程，因为包含项x^3。

四次方程：最高次项是四次项的方程，例如，$x^4+y=1$。

（十进制）小数：采用的是十进制。我们日常的记数法是十进制的，因为它使用0~9这10个数字。

梯度：一条直线的倾斜度，用上升量/游程来定义。上升量就是图像在y轴上对应的距离，游程为x轴上对应的距离，也就是说，梯度即y/x。

椭圆： 一个被拉伸或压缩的圆。椭圆的圆周上的任意一点到椭圆内的两个固定的点（即焦点）的距离之和是一个常数。圆是一种特殊的椭圆。对圆锥体进行斜切，得到的截面就是椭圆形，也就是大家所知的圆锥曲线。

微分法： 微积分学中求得导数的方法。

微积分学： 研究曲线和变化率的数学分支，分为积分学和微分学两部分。

无穷小量： 一个假设出来的数字，虽然比0大，但是却小于任何实数，这个数字如此之小，以至于和0几乎相等，就差真的为0了。无穷小量经常被运用在计算中，用来避免0作除数的情况。

位值制系统： 一种记数法，其数字的位置表示其代表的值，比如十进制中的数字341，3的位置表示其代表的是300。

穷尽法： 求图形面积的方法，尤其运用在求圆的面积上。在图形内部构造出一系列便于求面积的多边形，多边形的边数越来越多，其面积与圆的面积的差也越来越小，几乎被"穷尽"了。被"穷尽"掉的面积越多（也就是说多边形的边数越多），就越接近圆的面积。穷尽法是积分法的前身。

完全数： 若一个数等于其所有真因子的和，则被称为完全数。比如6的真因子为1、2、3，而6=1+2+3。又比如28的真因子为1、2、4、7、14，而28=1+2+4+7+14。

无理数： 不能写成两个整数之比的数。

如果无理数写成小数形式，那么它的小数点后会有无穷位，正如省略号表示的那样；圆周率 π 正是典型的无理数——它的值为3.141 592 6…。

相反数： 两个和为0的实数互为相反数，如3和-3。

线性方程： 一个图像为直线的方程。在代数学中，线性方程指的是最高次项是一次项的方程，也就是说不涉及指数运算。线性方程可以写成$y=mx+b$的形式，其中m是x的系数，而b是一个常量。

项： 表达式中被运算符分隔开的部分。在代数中，项可以是常量、变量或是二者的结合体，比如在表达式$4x+5-xy^2$中，$4x$、5和xy^2都是项。

弦： 连接曲线上两点的直线，例如，圆上的两点。直径是通过圆心的弦。

虚数： 一个平方为负数的数，在现实中是不存在的，因此被称为"虚数"。虚数的单位是$\sqrt{-1}$，相当于实数中的1，用符号i表示。

系数： 与变量相乘的常数。例如，在表达式$4x+3=y$中，4是变量x的系数。按照习惯，如果系数为1则一般不写出。

斜边： 直角三角形中与直角相对的边，也是这个三角形中最长的一边。

相空间图形： 在相空间中作出的图形。相空间是一种虚设的空间，它的坐标有许多，用来描述一个特定系统的不同状态，这样这个系统的所有状态都可以被表示出来，相空间图形中的每个点就代表系统的一个状态。

希腊字母 π：用来表示圆周率，也就是圆的周长与直径的比值。它是个无理数，其值为3.141 592 6…。

因数：可以被用来相乘得到其他数字的数字；例如，数字8的因数包括1、2、4、8，因为1×8=8，同样的，2×4=8。

有理数：可以写成两个整数比值的数，例如$^1/_2$、$^{13}/_{31}$、0.75（也就是$^3/_4$）、5（$^5/_1$）以及−7（$^{-7}/_1$）。

圆周：圆的周长。

图像：以一个等式中所有的点绘成的图形；如果该式中有两个变量，那么这个图形可以在笛卡儿坐标系/平面直角坐标系中绘制出来，对应x轴和y轴，即函数图像。在拓扑学和图论中，图像就是将对象或点（即顶点）以线条连接起来的表现形式。

运算：一个数学计算过程，例如，加减乘除，还包括乘方和开方。

运算符：表示运算操作的符号。例如，在等式$2x+4=14$中，加号"+"就是运算符。

杨辉三角形：西方称为帕斯卡三角形，由数字构成的三角形图案，将相邻的两个数相加之后的结果，放在下一行这两个数的中间位置。

余弦：与正弦、正切共同构成三角函数。在一个直角三角形中，一个角的余弦就是这个角相邻的直角边与斜边的长度之比

（即邻边/斜边）；余弦的缩写形式是cos。

轴：在图表中，轴指的是参照线，通常标记为x轴（水平方向的轴）和y轴（垂直方向的轴）。在几何学中，轴代表图形围绕着旋转的那一条直线。

坐标：描述一个点位置的一组数字。例如，在平面坐标系中（即二维空间），坐标是一对数字，用来给出一个点的位置，两个数字分别对应坐标系内的x轴与y轴；在三维空间内，则需要提供3个数字来定位一个点的位置。

直径：一条穿过圆心的弦。任意一条通过圆心、连接圆周上两点的线段的长度，即这个圆的直径。

正方形：每个角都是90°的正四边形。

整数：不含有分数的数，包括正整数（1，2，3，4…）和负整数（−1，−2，−3，−4…）。

正态分布：又被称为贝尔曲线，这种分布的数据点会构成贝尔曲线。这种曲线在各个领域都很常见，比如人的身高分布就符合正态分布。

质数：只能被1和它自身整除的数，也就是说它的因子只有1和它本身。

正弦：与余弦和正切一样，都是主要的三角函数。在直角三角形中，一个角的正弦值是对边与斜边的比值；正弦通常缩写为sin。

指数：意同乘方，表示一个数字或一个

项要用本身相乘若干次。例如，在表达式8^3中，指数为3，表明8要与自己相乘3次，也就是8×8×8。

子集： 如果一个集合完全包含于另一个集合，那么它就是后一个集合的子集。换句话说，如果集合A的元素都在集合B中，那么A是B的子集。

正切函数： 切线几何中，切线指的是一条刚好触碰到曲线上某一点的直线。当切线经过曲线上的某点（即切点）时，切线的方向与曲线上该点的方向是相同的。在三角学中，一个直角三角形中一个角的正切值，等于对边与邻边的比值；通常正切缩写为tan。

图片来源